岩波文庫

33-934-2

アインシュタイン

相対論の意味

矢野健太郎訳

岩波書店

訳者のまえがき

この書物(The Meaning of Relativity)は，アルバート・アインシュタインが1921年の5月にプリンストン大学で行なった講義をまとめて，翌年にプリンストン大学出版部からその初版が発行された．

それは，本書にもみられるように，相対論以前の空間と時間，特殊相対性理論，一般相対性理論，その続き，という4つの論議から成っていたので，"相対論に関する4つの論議"として，また，相対性理論に対する，その創始者自身の手による，ある意味での通俗解説書として，非常な好評をはくしたものであった．

アインシュタインがその特殊相対性理論を発表したのは1905年，その一般相対性理論を発表したのは1915年であったが，その後，これらの理論がつぎつぎと実験によって確認され，アインシュタインの名声がしだいに上っていったのはよく知られている．

アインシュタインは1920年から22年にかけてほとんど全世界を旅行して歩いているが，1921年アメリカに渡ってプリンストン大学で行なった講演が本書の内容をなしているわけである．

その後アインシュタインはベルリンへ帰って，彼の一般相

対性理論の改良と拡張に努力したのであったが，ナチスの台頭にともなってドイツを追われ，1933年アメリカのプリンストンに新設されたプリンストン高等研究所に迎えられて，その教授に就任した．

アインシュタインは1945年に本書の第二版を発表したが，それには，初版発行以来相対性理論にもたらされたいくつかの進歩の解説をつけ加えた．

一般相対性理論発表後から引き続いてその改良に努力していたアインシュタインは，いつも話題の中心となったその拡張，重力場と電磁場との統一場の理論を数多く発表してきたが，1945年には，さらに1つの新しい統一場の理論を発表した．

そして，1950年に本書の第三版が発行された折に，アインシュタインはその理論を，第三版への付録Ⅱとして，"重力理論の拡張"と題してつけ加えた．本書の付録Ⅱはそれを書き改めたものである．

アインシュタインは，1955年にプリンストンの病院でなくなるまでこの理論の改良に努力していたので，結局これが最後の理論となってしまった．彼は，この理論はまだ実験によるテストをまつべきであるが，十分満足のいくものだといっている．

訳者がはじめて直接アインシュタインに会うことができたのは，1950年から52年にかけてのことであったが，この理論の話がでるたびに，my last theory という言葉をつか

っておられたから,この last という字は,最近のという意味と同時に,文字どおり最後の,つまり最も気に入ったという意味をもっていたのであろうと訳者は思っている.

事実,この付録IIにのべられている理論は,その科学の進歩における標石としては,相対論が最初に現われたときのそれに匹敵するという人もある.

本書の第四版は,その後しばらくして 1953 年に発行されたが,そこでは,付録IIが少しく訂正されていただけである.

ところが,本書の第三版の発表は見送ってしまったジャーナリズムが,この第四版の発行をとりあげて,"アインシュタイン,ついに最終的な,宇宙のあらゆる現象を説明するための新理論を発表,宇宙のあらゆる現象は彼の 4 つの方程式に含まれている" と騒ぎ立てたので,1953 年の春,日本でも相当ジャーナリズムを賑わしたのは,記憶されている読者もあることであろう.

さらにこの理論の改良に努力していたアインシュタインは,彼の死の直前に,"場の方程式の導き方もその形も簡単になった.これによって全理論は,その内容をかえることなく非常に見通しの良いものとなった" と確信し,その原稿を完成し,第五版発行の折には,付録IIの内容をこの新しい原稿のそれととりかえることをのぞんだ.

そして,この訳書がもとづいている "相対論の意味" の第五版は,1955 年,彼の死後に発行された.この第五版では,

第四版までの付録II "重力理論の拡張" が，付録II "非対称場の相対論" と改題されている．

アインシュタインがいかにこの理論に満足していたかということは，つぎのアインシュタインの言葉からも容易に察せられる．

相対性理論は，ガリレイ-ニュートンの物理学の基本的概念，すなわち "慣性系" の概念に対する闘いの結果であると考えられる．理論的な基礎の改革を強請したのは，いくつかの電磁気的および光学的実験事実の解釈であった．それ以前には，慣性系という幽霊のような概念によって真剣に乱されるものはほんの少ししかなかった．ライプニッツ，ニュートン，リーマン，そしてエルンスト・マッハが，彼等の書いたものが明らかにこの問題に対する関心を示している，主な思索者たちである．

特殊相対性理論は，光速不変の基本的法則に対して慣性系を採用した．運動する物体の電気力学についてのローレンツの研究の結果によれば，光速不変の法則についてはほとんど疑いは残っていない．相対性理論のこの第一の面は，当時の物理学者たちには，革命的なものに思われた．特にそれは絶対的同時性の概念を無視したからである．しかし相対性理論は，慣性系の独立で客観的な性格にはふれなかった．

一般相対性理論は，はじめてこの慣性系を克服した．そこでは，慣性系が "接続の場" でおきかえられた．こ

れによって空間は，その独立な物理的存在を失い，単に場の1つの性質となる．もし，慣性質量と重力質量の等価という経験的事実がなかったならば，たとえ数学的補助的概念が，リーマンの計量連続体の理論のなかに用意され，3つの空間次元と1つの時間次元の形式的等価性をミンコフスキーが認めた点に用意されていたとしても，慣性系を克服することは心理的に不可能であったろう．

　この相対性理論の最後のステップは，非対称場へうつることによって特性づけられる，場の概念の統一に関するものである．場の法則の選択に関する困難は，ここ数カ月前にようやく完全に克服された．これに対して本質的な議論は，付録IIにおいて詳細にのべられるであろう．

本書の，1922年の初版から1955年の第五版までの上の歴史からわかるように，本書の最初の部分と最後の部分との間には，数十年の間隔があるので，記号などは必ずしも統一がとれているとはいえない．

相対論の専門家にとっては，そんなことは何の障害にもならないであろうが，本書の一般の読者のために，訳者は，本書の記号を，本書の終りの方に現われるなるべく新しい記号に統一しておいた．

矢 野 健 太 郎

目　　次

訳者のまえがき …………………………………………… 3

第五版への覚書 …………………………………………… 10

相対論以前の物理学における空間と時間 ……………… 11

特殊相対性理論 …………………………………………… 39

一般相対性理論 …………………………………………… 79

一般相対性理論(続き) …………………………………… 109

第二版への付録 …………………………………………… 147

付録Ⅱ　非対称場の相対論 ……………………………… 179

解　　説(江沢　洋) ……………………………………… 221

索　　引 …………………………………………………… 259

第五版への覚書

　この第五版のために私は，"重力理論の拡張" という項を，"非対称場の相対論" という題で根本的に書き改めた．というのは，私が，一部私の助手 B. カウフマンの協力によって，場の方程式の形とその導き方を簡単にすることに成功したからである．それによって全理論は，その内容をかえることなく，いっそう見通しのよいものとなる．

　1954 年 12 月

アルバート・アインシュタイン

相対論以前の物理学における空間と時間

　相対性理論は，空間と時間の理論に密接に結びついている．したがって，私はまず，われわれの空間と時間の概念の起源の，簡単な研究から始めようと思う．そうすることは実は，議論の余地の多い問題を導入することになるのは十分承知してはいるけれども……．あらゆる科学の目的は，かりにそれが自然科学であれ，はたまた心理学であれ，われわれの経験を系統立て，それらを1つの論理的な体系のなかにもちこむことにある．空間と時間に関するわれわれの在来の概念は，われわれの経験の性格とどんな関係にあるであろうか．

　われわれには，ある一個人の経験は，ある1つの系の事象として配列されているとみえる．つまり，この事象の系列においては，われわれの思い出す個々の事象は，"より前"および"より後"という規準に従って配列されていると思われる．そしてこれらは，それ以上分析され得ない．したがって，各個人にとっては，自分の時間，すなわち主観的な時間が存在する．これは，それ自身として，測定可能ではない．事実私は，より以前の事象に対応させる数よりも，より以後の事象に対応させる数の方が大きくなるように，各事象にそ

れぞれ数を結びつけることができるが，その結びつけ方はまったく任意でありうる．この数の結びつけを私は，時計の与える事象の順序と，与えられた一系の事象の順序とを比較して，時計を用いて定義することができる．ただしここに時計というのは，数えうる一系の事象を与え，しかも後にのべるようなその他の性質をもったあるものと考える．

　言葉の助けをかりることによって，違った個人が，ある程度まで彼らの経験を比較することができる．こうして，違った個人のある種の感覚は互いに対応がつき，その他の感覚に対しては，このような対応がつけられないことが示される．われわれは違った個人に共通な感覚，したがって多少とも超個人的な感覚を現実のものと見なすのが普通である．自然科学，そしてとくに，そのうちで最も基本的な物理学は，このような感覚を取り扱う．物理学的物体，とくに剛体の概念は，このような感覚の相当確固たる集成である．時計もまた同じ意味で1つの物体または1つの体系であるが，それは，それの数える事象の列が，すべて同じと見なしうるような要素からできているという付加的な性質を持っている．

　われわれの概念，および概念の体系が妥当であるという唯一の理由は，それらがわれわれの経験の集成を表現するのに役立つという点にある．これ以上には，概念や概念の体系は何らの妥当性を持ちえない．哲学者たちは，ある種の基本的な概念を，それを制御しうる経験領域から，"先験的必然"という捉え難い高所へ運ぶことによって，科学的思考の進歩

に対して1つの有害な影響を与えたと私は信じる．なぜなら，概念の世界は，経験から論理的方法によっては導きえられず，ただ，ある意味で，人間精神——それなくして科学はありえない——の1つの創造物に過ぎないと思われるとしても，それにもかかわらず，この概念の世界は，ちょうど着物の形が人間の体の形をしているのと同様，われわれの経験の性質と密接な関係にある．このことは，とくにわれわれの空間と時間の概念に対してもほんとうであって，物理学者たちは，これらを修理し，ふたたび使用可能な状態におくために，これらを"先験的必然"の神殿からひきずり下ろすことを，事実によって余儀なくされてきたのである．

さて，空間に対するわれわれの概念と判断に移ろう．ここでも，われわれの経験と概念の関係に厳しい注意を払うことが肝要である．この点に関しては，ポアンカレ(H. Poincaré)が，その著"科学と仮説"[1]で与えた説明において，明らかに真理を捉えていたと私には思われる．1つの剛体にわれわれが認めうるあらゆる変化のうちで，その簡単さによってとくに注目をひくのは，われわれの身体を適当に動かすことによって帳消しにし得る変化である．ポアンカレは，これらを位置の変化と呼んでいる．簡単な位置の変化によって，われわれは2つの物体を接触させることができる．幾何学において基本的な合同に関する定理は，このような位置の変

---

[1] 河野伊三郎訳(岩波文庫)がある．(編集部注)

化を支配する法則に関するものである．空間の概念に関しては，次のことが本質的であると思われる．すなわち，われわれは，物体 B, C, … を物体 A のところまでもってくることによって，新しい物体を形成することができる．この場合われわれは，物体 A を延長するという．われわれは物体 A を，それが他の任意の物体 X と接触するまで延長することができる．物体 A のあらゆる延長の集合をわれわれは，"物体 A の空間" としていい表わすことができる．そうすれば，あらゆる物体は，"(任意に選ばれた)物体 A の空間" のなかにあるということができる．この意味でわれわれは，抽象的な空間について語ることはできない．ただ "物体 A に属する空間" について語り得るのみである．しかしながら，われわれの日常生活においては，地殻が，物体の相対的位置を判断するのにあまりにも大きな役割を演じているので，1つの抽象的な空間概念を導いてしまったのである．おそらくこれを防ぐことは不可能であろう．そこでこの宿命的な誤りを避けるためにわれわれは，単に "基準物体" または "基準空間" のみについて語ることにしよう．後にみるように，これらの概念の修正が必要になってくるのは，一般相対性理論を通してのみである．

　ここでは，点が空間の要素であり，空間は1つの連続体であると考えられるという基準空間の諸性質に関する詳細には立ち入らない．また，点または直線の連続的な系列という概念を妥当とするような空間の諸性質を，さらに分析するこ

とも試みない．しかしもしこれらの概念を，その経験的立体との関係とともに仮定するならば，空間の3次元性とは何を意味するかをいうことは容易である．すなわち，各点には3つの数(座標)x_1, x_2, x_3が結びつけられ，その対応は1対1であり，点が1つの連続的な点の系列(線)を描くならば，x_1, x_2, x_3も連続的に変化する．

相対論以前の物理学においては，理想的な剛体の位置づけの法則は，ユークリッド(Euclid)幾何学に従うものと仮定されている．これが意味するところは，つぎのようにいい表わされる．すなわち，剛体中に印づけられた2点は1つの間隔を形成する．このような間隔は，われわれの基準空間に対して，種々の向きで静止の位置におかれ得る．さて，間隔の2端の座標の差$\Delta x_1, \Delta x_2, \Delta x_3$が，間隔のいかなる向きに対しても同一の2乗の和

(1) $$s^2 = (\Delta x_1)^2 + (\Delta x_2)^2 + (\Delta x_3)^2$$

を与えるように，この空間の点に座標x_1, x_2, x_3を与えうるならば，この基準空間はユークリッド空間と呼ばれ，この座標はデカルト(R. Descartes)座標と呼ばれる*．実際には，無限に小さな間隔の極限に対してこの仮定をするだけで十分である．この仮定のなかにはかなり一般なあるものが含まれている．その基本的な意義にかんがみ，これに対してわれ

---

* この関係は，原点と，間隔の方向(比 $\Delta x_1 : \Delta x_2 : \Delta x_3$)の勝手な選び方に対して成立すべきである．

われは十分の注意を払わなければならない．まず第一に，1つの理想的な剛体を，任意に動かしうるということが仮定されている．第二に，理想的な剛体のその向きに対する振舞いは，2つの間隔を一度重ね合わせることができれば，いついかなる所ででもまた重ね合わせることができるという意味で，剛体を作っている物質およびその位置の変化には無関係であることが仮定されている．幾何学，そしてとくに物理学的計測に関して基本的重要性をもつこれらの仮定は，いずれも，もちろん経験から起こっている．しかし一般相対性理論においては，これらは，天文学的な大きさにくらべれば無限に小さな物体と基準空間に対してのみ，成立することが要求されるのである．

量 s を間隔の長さと呼ぶ．これが一意的に決定されるためには，1つの特定の間隔の長さを任意に定めることが必要である．たとえばこれを1(長さの単位)に等しいとおくことができる．そうすれば，他のすべての間隔の長さは決定される．もし x_ν ($\nu=1,2,3$) を，1つの媒介変数 λ に1次に関係させるならば，すなわち

$$x_\nu = a_\nu + \lambda b_\nu \quad (\nu = 1, 2, 3)$$

とおくならば，われわれはユークリッド幾何学における直線の性質をすべてもった1つの線を得る．とくに，長さ s を一直線上に n 回とるならば，$n \cdot s$ なる長さをもった線分の得られることは容易にわかる．したがって長さとは，1つの直

線に沿って,単位の長さの物指しを用いて行なった計測の結果を意味している.長さは,つぎに現われるように,座標系と独立であるとともに,直線のそれとも独立な意味をもっている.

さて,特殊相対性理論および一般相対性理論において類似な役割を演ずるところの,一連の考察に入ろう.まずつぎの問題を考える.すなわち,今まで用いてきたデカルト座標以外に,これと同等な他の座標系がはたして存在するであろうか.間隔は,座標の選択とは無関係な物理学的な意味をもっている.同様に,われわれの基準空間の任意の1点からとった,すべて長さの等しい間隔の端点の軌跡として得られる球面も,座標の選択とは無関係な意味をもっている.もし x_ν と $x'_\nu (\nu=1,2,3)$ とを,われわれの基準空間のデカルト座標であるとすれば,球面は,2つの座標系において,方程式

(2) $$\sum_{\nu=1}^{3} (\Delta x_\nu)^2 = 一定$$

(2a) $$\sum_{\nu=1}^{3} (\Delta x'_\nu)^2 = 一定$$

で表わされる.方程式(2)と方程式(2a)とが,互いに同等になるためには,x'_ν は x_ν を用いていかに表わされるべきであろうか.x'_ν が x_ν の関数として書き表わされたとすれば,テイラー(B. Taylor)の定理によって,Δx_ν の小さな値に対しては

$$\Delta x'_\nu = \sum_{\alpha=1}^{3} \frac{\partial x'_\nu}{\partial x_\alpha} \Delta x_\alpha + \frac{1}{2} \sum_{\alpha=1}^{3} \sum_{\beta=1}^{3} \frac{\partial^2 x'_\nu}{\partial x_\alpha \partial x_\beta} \Delta x_\alpha \Delta x_\beta + \cdots$$

と書くことができる．これを(2a)に代入して(2)と比較すれば，x'_ν は x_ν の1次関数でなければならないことがわかる．したがって，

(3) $$x'_\nu = a_\nu + \sum_{\alpha=1}^{3} b_{\nu\alpha} x_\alpha$$

または

(3a) $$\Delta x'_\nu = \sum_{\alpha=1}^{3} b_{\nu\alpha} \Delta x_\alpha$$

とおけば，方程式(2)と方程式(2a)が同等であることは，

(2b)
$$\sum_{\nu=1}^{3} (\Delta x'_\nu)^2 = \lambda \sum_{\nu=1}^{3} (\Delta x_\nu)^2 \quad (\lambda は \Delta x_\nu に無関係)$$

なる形に表わされる．したがって λ は定数でなければならないことがわかる．もし $\lambda=1$ とおけば，方程式(2b)と方程式(3a)とは，条件

(4) $$\sum_{\nu=1}^{3} b_{\nu\alpha} b_{\nu\beta} = \delta_{\alpha\beta}$$

を与える．ただしここに，$\alpha=\beta$ または $\alpha\neq\beta$ であるかにしたがって，それぞれ $\delta_{\alpha\beta}=1$ または $\delta_{\alpha\beta}=0$ であるとする．条件(4)は直交条件，条件(4)を伴った変換(3)は1次直交変換と呼ばれている．$s^2 = \sum_{\nu=1}^{3} (\Delta x_\nu)^2$ はいかなる座標系にお

いても長さの平方に等しく,常に同一の単位の長さで測定
をするものとすれば,λは1でなければならない.したがっ
て,1次直交変換は,われわれの基準空間における1つのデ
カルト座標系から他のデカルト座標系に移ることを許す唯
一の変換である.このような変換を行なえば,直線の方程
式は,直線の方程式になることがみられる.両辺に $b_{\nu\beta}$ を
掛け,ν に関して1から3まで加え合わせて,方程式(3a)
をとけば,

$$(5) \quad \sum_{\nu=1}^{3} b_{\nu\beta} \Delta x'_{\nu} = \sum_{\nu=1}^{3} \sum_{\alpha=1}^{3} b_{\nu\alpha} b_{\nu\beta} \Delta x_{\alpha}$$
$$= \sum_{\alpha=1}^{3} \delta_{\alpha\beta} \Delta x_{\alpha} = \Delta x_{\beta}$$

が得られる.したがって同じ係数 b が,Δx_{ν} の逆変換を決
定する.幾何学的には,$b_{\nu\alpha}$ は,x'_{ν} 軸と x_{α} 軸との間の角
の余弦である.

以上を要約して,つぎのようにいうことができる.すなわ
ち,ユークリッド幾何学においては,(与えられた基準空間
のなかに)互いに1次直交変換で移りうる特別な座標系,デ
カルト座標系が存在する.物指しを用いて測られた,われ
われの基準空間中の2点間の距離 s は,このような座標系に
おいては特に簡単な仕方で書き表わされる.幾何学全体はこ
の距離の概念の上に建設できる.しかしながら上の取り扱い
においては,幾何学は実在の物(剛体)に関係しており,した
がってその定理は,これらの物の振舞いに関する命題であっ

て，それが真であるか偽であるかを明らかにする．

われわれはふつう，幾何学を，その概念と経験との間のいかなる関係からも離れて研究するよう習慣づけられている．純粋に論理的で，原則として不完全な経験とは無関係なものをぬき出して考えることには利点がある．純粋数学者にとってはこれで満足であろう．彼は，もし公理から，正確に，すなわち論理的な誤りなく彼の定理を推論しうれば，それで満足する．ユークリッド幾何学が真であるか偽であるかという問題は，彼の関知しないところである．しかしながらわれわれの目的にとっては，幾何学の基本的な概念を，自然の対象に結びつけることが必要である．このような結びつきなしには，幾何学は物理学者にとって何らの価値もない．物理学者は，幾何学の定理が真であるか偽であるかを問題とする．ユークリッド幾何学が，この見地から，定義から論理的に導かれる単なる推論以上のあるものを与えているということは，つぎの簡単な考察からみられるであろう．

空間の n 個の点の間には，$\dfrac{n(n-1)}{2}$ 個の距離 $s_{lm}\,(l \neq m)$ が存在する．これらと $3n$ 個の座標の間には，関係

$$s_{lm}{}^2 = (x_1{}^{(l)} - x_1{}^{(m)})^2 + (x_2{}^{(l)} - x_2{}^{(m)})^2 + (x_3{}^{(l)} - x_3{}^{(m)})^2$$

がある．

これら $\dfrac{n(n-1)}{2}$ 個の方程式から，$3n$ 個の座標を消去することができる．そして，この消去の結果，s_{lm} の間の少な

くとも $\frac{n(n-1)}{2}-3n$ 個の方程式が得られる*. s_{lm} は測定可能な量であり,しかも定義によって互いに独立であるから, s_{lm} の間のこれらの関係は,先験的には必要ではない.

以上のことから,条件(4)を伴う変換(3)の方程式は,1つのデカルト座標系から他のデカルト座標系への変換を支配するものであって,ユークリッド幾何学において基本的な意義をもっていることは明らかである.デカルト座標系は,それにおいては,測定可能な2点間の距離 s が,方程式

$$s^2 = \sum_{\nu=1}^{3} (\Delta x_\nu)^2$$

で表わされるという性質で特徴づけられる.

もし $K_{(x_\nu)}$ と $K'_{(x'_\nu)}$ が2つのデカルト座標系であれば,

$$\sum_{\nu=1}^{3} (\Delta x_\nu)^2 = \sum_{\nu=1}^{3} (\Delta x'_\nu)^2$$

である.

この式の右辺は,1次直交変換の方程式のおかげで,恒等的に左辺に等しい.しかも右辺と左辺の違いは x_ν が x'_ν でおきかえられているだけである.この事実は, $\sum_{\nu=1}^{3}(\Delta x_\nu)^2$ が,1次直交変換に関する1つの不変式であるという言明でいい表わされる.ユークリッド幾何学においては,1次直交変換に関する不変式によって表わされ得るような量のみが,

---

* 実際には $\frac{n(n-1)}{2}-3n+6$ 個の方程式が存在する.

そしてそのような量のすべてが，デカルト座標系の特別な選び方とは無関係な客観的意義をもっていることは明らかである．これが，不変式の形を支配する法則を取り扱う不変式論が，解析幾何学において非常に重要な理由である．

幾何学的不変量の第二の例として，体積を考えよう．これは

$$V = \iiint dx_1 dx_2 dx_3$$

で表わされる．ヤコビ(C. G. J. Jacobi)の定理によってわれわれは

$$\iiint dx'_1 dx'_2 dx'_3 = \iiint \frac{\partial(x'_1, x'_2, x'_3)}{\partial(x_1, x_2, x_3)} dx_1 dx_2 dx_3$$

と書くことができる．ここに右辺の積分における被積分関数は，x'_ν の x_ν に関する関数行列式である．そしてこれは，(3)によって，変換の係数 $b_{\nu\alpha}$ の行列式 $|b_{\nu\alpha}|$ に等しい．方程式(4)から $\delta_{\alpha\beta}$ の行列式を作れば，行列式の掛け算の定理によって

(6) $\quad 1 = |\delta_{\alpha\beta}| = \left|\sum_{\nu=1}^{3} b_{\nu\alpha} b_{\nu\beta}\right| = |b_{\nu\alpha}|^2; \quad |b_{\nu\alpha}| = \pm 1$

を得る．もし変換を，行列式が +1 という値をもつものに限れば(座標系の連続的な変化によってはこれらのみが起こる)*，V は 1 つの不変式である．

---

* このように，"右手系" と "左手系" と呼ばれる 2 種類のデカルト座標系が存在する．これらの間の区別は，あらゆる物理学者と工学者によく

しかしながら，不変式は，それを用いて，デカルト座標系の特別な選び方には無関係な表現を与え得る唯1つの形式ではない．ベクトルとテンソルとは，そのためのもう1つの表現形式である．いま1つのデカルト座標系 K において座標 x_ν をもった点が一直線上にあるという事実を書き表わしてみよう．われわれは

$$x_\nu - A_\nu = \lambda B_\nu \quad (\nu = 1, 2, 3)$$

を得る．一般性を制限することなく，

$$\sum_{\nu=1}^{3} (B_\nu)^2 = 1$$

とおくことができる．

この方程式に $b_{\beta\nu}$ を掛けて，ν のすべての値に対して加え合わせれば，

$$x'_\beta - A'_\beta = \lambda B'_\beta$$

を得る．ただしここに

$$A'_\beta = \sum_{\nu=1}^{3} b_{\beta\nu} A_\nu, \quad B'_\beta = \sum_{\nu=1}^{3} b_{\beta\nu} B_\nu$$

とおいた．

これらは，第二のデカルト座標系 K' に関する直線の方程式である．これらは，最初のデカルト座標系に関する方程

知られている．これら2種類の座標系は幾何学的には定義できず，その対照のみが定義できることに注意するのは，興味あることである．

式と同じ形をもっている．したがって直線は，座標系に無関係な1つの意味をもっていることは明らかである．形式的にはこれは，$(x_\nu - A_\nu) - \lambda B_\nu$ なる量が，間隔の成分 Δx_ν と同様に変換されるという事実に依存している．各デカルト座標系に対して定義され，間隔の成分のように変換される3つの量の集まりは，ベクトルと呼ばれる．もし1つのベクトルの3つの成分がすべて，ある1つのデカルト座標系に対して0となれば，これらはすべての座標系に対して0となる．なぜなら，変換の方程式は斉次であるからである．こうしてわれわれは，その幾何学的表現によらない，ベクトルの概念の意味を得ることができる．直線の方程式のこの変換様式は，つぎのようにいい表わすことができる．すなわち，直線の方程式は1次直交変換に関して共変的である．

さて，テンソルの概念に導かれる幾何学的実在が存在することを簡単に示そう．P_0 を1つの2次曲面の中心，P をこの曲面上の任意の点，ξ_ν を間隔 $P_0 P$ の座標軸上への射影とする．そうすれば曲面の方程式は

$$\sum_{\mu=1}^{3} \sum_{\nu=1}^{3} a_{\mu\nu} \xi_\mu \xi_\nu = 1$$

である．この場合，そしてこれに類似な場合に，今後，総和の記号を省略し，二度現われる添え字については総和をとるものと約束する．したがって，曲面の方程式を

$$a_{\mu\nu}\xi_\mu\xi_\nu = 1$$

と書く.量 $a_{\mu\nu}$ は,与えられた中心の位置に対して,選ばれたデカルト座標系に関して曲面を完全に決定する.1次直交変換に対する,ξ_ν の既知の変換法則(3a)から,$a_{\mu\nu}$ に関する変換法則*

$$a'_{\sigma\tau} = b_{\sigma\mu}b_{\tau\nu}a_{\mu\nu}$$

が容易に見出される.この変換は,斉次でかつ $a_{\mu\nu}$ に関して1次である.この変換の故に $a_{\mu\nu}$ は1つの2階のテンソルの成分と呼ばれる(2階というのは,これが2つの添え字をもっているからである).もし,あるテンソルの,1つのデカルト座標系に関する成分が全部0になれば,それらの成分の,他のいかなるデカルト座標系に関する成分もすべて0になる.この2次曲面の形と位置とは,このテンソル(a)によって記述される.

より高い階数の(添え字の数の多い)テンソルも解析的に定義することができる.ベクトルを1階のテンソル,不変量(スカラー)を0階のテンソルと見なすことができるし,またそう見なす方が便利である.こう考えるならば,不変式論の問題をつぎのように述べることができる.すなわち,どのような法則に従って,与えられたテンソルから新しいテンソ

---

* (5)によれば,方程式 $a_{\mu\nu}\xi_\mu\xi_\nu=1$ は $a_{\mu\nu}b_{\sigma\mu}b_{\tau\nu}\xi'_\sigma\xi'_\tau=1$ と書き変えられるから,これから直ちに上に述べた結果が導かれる.

ルを作りうるか．さて，後にこれを応用できるよう，これらの法則を考察することにしよう．まず，同一の基準空間における，1つのデカルト座標系から，他のデカルト座標系への1次直交変換による変換に関するテンソルの性質のみを取り扱うこととしよう．法則は次元の数にまったく無関係であるから，われわれはこの数nを最初は不定のままにしておこう．

定義 もし1つの対象が，n次元基準空間中のあらゆるデカルト座標系に関して，n^α 個の数 $A_{\mu\nu\rho}...$（α は添え字の数）によって定義されており，その変換法則が

(7) $$A'_{\mu\nu\rho}... = b_{\mu\mu'}b_{\nu\nu'}b_{\rho\rho'}\cdots A_{\mu\nu\rho}...$$

であるならば，これらの数は1つの α 階のテンソルの成分である．

注意 この定義から，もし $B, C, D, \cdots$ がベクトルならば

(8) $$A_{\mu\nu\rho}...B_\mu C_\nu D_\rho \cdots$$

は1つの不変量であることがわかる．逆に，ベクトル $B, C, D, \cdots$ を任意に選ぶとき，(8)式が1つの不変量を与えるならば，これから A のテンソル性が推論される．

加法と減法 同じ階数のテンソルの，対応する成分の加法および減法によって，やはりこれらと同じ階数のテンソルが得られる．

(9) $$A_{\mu\nu\rho\ldots} \pm B_{\mu\nu\rho\ldots} = C_{\mu\nu\rho\ldots}$$

証明は,上に与えたテンソルの定義から容易に得られる.

乗法 α 階のテンソルと β 階のテンソルから,第一のテンソルのすべての成分と第二のテンソルのすべての成分とを掛け合わすことによって, $\alpha+\beta$ 階のテンソルが得られる. すなわち

(10) $$T_{\mu\nu\rho\ldots\alpha\beta\gamma\ldots} = A_{\mu\nu\rho\ldots} B_{\alpha\beta\gamma\ldots}$$

縮約 α 階のテンソルから,その特定の 2 つの添え字を等しくおき,これらの添え字について総和することによって, $\alpha-2$ 階のテンソルが得られる. すなわち

(11) $$T_{\rho\ldots} = A_{\mu\mu\rho\ldots} \left(= \sum_{\mu=1}^{n} A_{\mu\mu\rho\ldots} \right)$$

証明はつぎの通りである.

$$A'_{\mu\mu\rho\ldots} = b_{\mu\alpha} b_{\mu\beta} b_{\rho\gamma} \cdots A_{\alpha\beta\gamma\ldots} = \delta_{\alpha\beta} b_{\rho\gamma} \cdots A_{\alpha\beta\gamma\ldots}$$
$$= b_{\rho\gamma} \cdots A_{\alpha\alpha\gamma\ldots}$$

これら初等的な演算法則に加えて,さらに微分によるテンソルの構成法がある. すなわち

(12) $$T_{\mu\nu\rho\ldots\alpha} = \frac{\partial A_{\mu\nu\rho\ldots}}{\partial x_{\alpha}}$$

1 次直交変換に関して,テンソルから新しいテンソルが,

これらの演算法則に従って作られる.

テンソルの対称性と交代性 テンソルはその2つの添え字 μ および ν を交換して得られる成分が相等しいとき，または単に符号のみを異にするとき，これら2つの添え字 μ および ν に関して，それぞれ対称である，または交代であるといわれる.

$$\text{対称性の条件} \qquad A_{\mu\nu\rho} = A_{\nu\mu\rho}$$
$$\text{交代性の条件} \qquad A_{\mu\nu\rho} = -A_{\nu\mu\rho}$$

定理 対称性または交代性は，座標の変換と無関係に存在する．そしてこの点にこそその重要性がある．証明は，テンソルを定義する式から得られる.

特殊テンソル

Ⅰ．(4)に現われる量 $\delta_{\alpha\beta}$ はテンソルの成分である(基本テンソル).

[証明] 変換の方程式 $A'_{\mu\nu} = b_{\mu\alpha}b_{\nu\beta}A_{\alpha\beta}$ の右辺において $A_{\alpha\beta}$ を($\alpha=\beta$ のときは1，$\alpha \neq \beta$ のときは0である)$\delta_{\alpha\beta}$ でおきかえれば，

$$A'_{\mu\nu} = b_{\mu\alpha}b_{\nu\alpha} = \delta_{\mu\nu}$$

が得られる．この最後の等号の成立することは，(4)を逆変換(5)に当てはめれば明らかになる．よって，$A_{\alpha\beta} = \delta_{\alpha\beta}$ はテンソルであり，変換しても変わらない：$A'_{\alpha\beta} = A_{\alpha\beta}$.

Ⅱ．その階数は次元の数 n に等しく，その成分は，$\mu, \nu,$

$\rho, \cdots$ が $1, 2, 3, \cdots$ の偶順列であるか奇順列であるかにしたがって $+1$ または -1 であるような,すべての添え字の組に関して交代なテンソル $\delta_{\mu\nu\rho\cdots}$ が存在する.

その証明は,上に証明した定理 $|b_{\nu\alpha}|=1$ を用いて得られる.

これら少数の簡単な定理は,不変式論から借りられた,相対論以前の物理学および特殊相対性理論の方程式が成立するための道具をなすものである.

われわれはすでに,相対論以前の物理学においては,空間における相互関係を指定するために,基準剛体または基準空間に加えて,1つのデカルト座標系の必要なことを見た.デカルト座標系を,それぞれ長さ1の棒でできた立方格子と考えることによって,これら2つの概念を1つのものに融合することができる.この格子の格子点の座標は,いずれも整数である.基本的な関係

$$(13) \qquad s^2 = (\Delta x_1)^2 + (\Delta x_2)^2 + (\Delta x_3)^2$$

から,このような空間格子のそれぞれの棒がすべて長さ1であることがわかる.さらに時間における関係を定めるために,デカルト座標系または棒格子の原点に置かれた1つの基準時計を必要とする.もし1つの事象がどこかで起こったならば,われわれはこれに対して3つの座標 x_1, x_2, x_3 と1つの時刻 t を与えることができる.そしてこれは,原点に置かれた時計のいかなる時刻が,この事象と同時刻である

かを指定すれば直ちにできることである．したがってわれわれは，以前には一個人の2つの経験の同時性のみを取り扱っていたのであるが，ここでは離れた事象の同時性に関する命題にも1つの客観的な意義を与えることとなる．このように指定された時間は，いかなる事象に対しても，われわれの基準空間中での座標系の位置には無関係であり，したがって，変換(3)に関する1つの不変量である．

相対論以前の物理学の法則を表わす方程式は，ユークリッド幾何学における関係式と同様，変換(3)に関して共変であることが仮定されている．こうして空間の等方性と斉次性とが表わされる*．この見地から，物理学の重要ないくつかの方程式を考えてみよう．

質点の運動の方程式は

$$(14) \qquad m\frac{d^2 x_\nu}{dt^2} = X_\nu$$

である．ここに (dx_ν) は1つのベクトルである．dt また $\frac{1}{dt}$ は1つの不変量である．したがって $\left(\frac{dx_\nu}{dt}\right)$ は1つの

---

* 空間に1つの特定な方向が存在する場合にも，物理学の法則は，変換(3)に対して共変であるように表わしうるかもしれない．しかしこの場合には，このような表わし方は適当でないであろう．もし空間に特定な方向が存在すれば，この方向に関して，特定の方法で座標軸の方向を定めることが，自然現象の記述を簡単にするかもしれない．しかし他方，空間にこのような特定な方向が存在しない場合には，種々の方向にむいている座標系の同等性をみえなくするように自然法則を記述することは論理的でない．特殊相対論および一般相対論において，この見地にふたたび出会うであろう．

ベクトルである．同様にして $\left(\dfrac{d^2x_\nu}{dt^2}\right)$ も1つのベクトルであることが示される．一般に，時間に関する微分という演算はテンソル性を変えない．m は1つの不変量(階数0のテンソル)であるから，$\left(m\dfrac{d^2x_\nu}{dt^2}\right)$ は，(テンソルの乗法定理によって)1つのベクトル，または階数1のテンソルである．もし力 X_ν がベクトル性をもっていれば，その差 $\left(m\dfrac{d^2x_\nu}{dt^2}-X_\nu\right)$ もまたテンソル性をもっている．したがってこれらの運動方程式は，基準空間中のすべてのデカルト座標系に対して成立する．力が保存力である場合には，(X_ν) のベクトル性は容易に認められる．なぜなら，この場合には，質点の相互の距離にのみ関係する，したがって不変量であるところのポテンシャル・エネルギー Φ が存在する．したがって力 $X_\nu=-\dfrac{\partial\Phi}{\partial x_\nu}$ のベクトル性は，階数0のテンソルの微分に関する一般の定理からの結果である．

階数1のテンソルである速度を掛けることによって，テンソル方程式

$$\left(m\frac{d^2x_\nu}{dt^2}-X_\nu\right)\frac{dx_\mu}{dt}=0$$

を得る．縮約して，かつスカラー dt を掛けることによって，われわれはつぎの運動エネルギーの方程式を得る．

$$d\left(\frac{mq^2}{2}\right)=X_\nu dx_\nu$$

質点の座標と空間の1定点の座標との差を ξ_ν で表わせ

ば，ξ_ν はベクトルの性質をもっている．明らかに $\dfrac{d^2 x_\nu}{dt^2} = \dfrac{d^2 \xi_\nu}{dt^2}$ であるから，したがって質点の運動の方程式は

$$m \frac{d^2 \xi_\nu}{dt^2} - X_\nu = 0$$

と書かれる．

この方程式に ξ_μ を掛けることによって，われわれはつぎのテンソル方程式を得る．

$$\left(m \frac{d^2 \xi_\nu}{dt^2} - X_\nu \right) \xi_\mu = 0$$

左辺のテンソルを縮約し，時間に関する平均をとれば，ビリアル定理を得る．しかし，これにはこれ以上立ち入らないことにしよう．添え字を交換してその後に辺々相減ずれば，簡単な変形の後に，角運動量の定理

$$(15) \quad \frac{d}{dt} \left[m \left(\xi_\mu \frac{d\xi_\nu}{dt} - \xi_\nu \frac{d\xi_\mu}{dt} \right) \right] = \xi_\mu X_\nu - \xi_\nu X_\mu$$

を得る．ここにはベクトルのモーメントが現われている．

このように，ベクトルのモーメントはベクトルではなく，テンソルであることは明らかである．その交代性によって，この連立方程式のなかには，独立なものは9つではなく，たった3つしかない．3次元空間における2階の交代テンソルをベクトルで置きかえられる可能性は，ベクトル

$$A_\mu = \frac{1}{2} A_{\sigma\tau} \delta_{\sigma\tau\mu}$$

が作られるという事実によるのである.

2階の交代テンソルに,上に導入した特殊交代テンソル $\delta_{\sigma\tau\mu}$ を掛け,これを2回縮約すれば,数値的には,もとのテンソルの成分と同じ成分をもった1つのベクトルが得られる.これらはいわゆる極性ベクトルであって,右手系から左手系に移る場合,Δx_ν とは異なった変換をする.2階の交代テンソルを3次元空間中のベクトルと見なすのは,見やすくするという利益はあるけれども,しかし,これをテンソルと見なすほど,対応する量の正確な性質を表わすことはできない.

つぎに連続的な媒質の運動方程式を考えよう.ρ を密度,u_ν を座標と時間の関数と考えられた速度成分,X_ν を単位質量あたりに働く力,$p_{\nu\sigma}$ を σ 軸に垂直に x_ν の増加する方向へ曲面に働く応力であるとする.そうすれば,運動の方程式はニュートンの法則によって

$$\rho \frac{du_\nu}{dt} = -\frac{\partial p_{\nu\sigma}}{\partial x_\sigma} + \rho X_\nu$$

である.ただしここに $\frac{du_\nu}{dt}$ は,時刻 t に座標 x_ν をもつ質点の加速度である.もしこの加速度を偏微分係数で表わせば,ρ で割ってつぎの式を得る.

(16) $$\frac{\partial u_\nu}{\partial t} + \frac{\partial u_\nu}{\partial x_\sigma} u_\sigma = -\frac{1}{\rho}\frac{\partial p_{\nu\sigma}}{\partial x_\sigma} + X_\nu$$

この方程式がデカルト座標系の特殊な選び方には無関係に成立することを示さなければならない.u_ν はベクトル

である．したがって $\dfrac{\partial u_\nu}{\partial t}$ もまたベクトルである．$\dfrac{\partial u_\nu}{\partial x_\sigma}$ は 2階のテンソルである．$\dfrac{\partial u_\nu}{\partial x_\sigma} u_\tau$ は3階のテンソルである．左辺の第2項は，これを σ と τ に関して縮約することによって得られる．右辺の第2項のベクトル性は明らかである．右辺の第1項もまたベクトルであるためには，$p_{\nu\sigma}$ がテンソルであることが必要である．これがテンソルであれば，微分と縮約によって得られる $\dfrac{\partial p_{\nu\sigma}}{\partial x_\sigma}$ はベクトルである．これにスカラーの逆数 $\dfrac{1}{\rho}$ をかけてもまたベクトルである．$p_{\nu\sigma}$ がテンソルであること，したがって方程式

$$p'_{\mu\nu} = b_{\mu\alpha} b_{\nu\beta} p_{\alpha\beta}$$

にしたがって変換することは，力学において，この方程式を無限に小さな4面体内で積分することによって証明される．また，力学では，角運動量の定理を無限に小さな平行6面体に対して当てはめることによって，$p_{\nu\sigma} = p_{\sigma\nu}$ であること，したがって応力テンソルは対称テンソルであることが証明される．以上述べたことから，上に与えた法則のおかげで，この方程式は空間の直交変換（回転変換）に関して共変であることがわかる．そして，方程式が共変であるために方程式中の量が従うべき変換法則もまた明らかとなる．

上に述べたことから，連続の方程式

(17)
$$\frac{\partial \rho}{\partial t}+\frac{\partial (\rho u_\nu)}{\partial x_\nu}=0$$

の共変性については，何ら特別な議論を必要としないであろう．

さらに，応力の成分の物質の性質に対する関係を表わす方程式の共変性を吟味し，圧縮性粘性流体の場合に対するこれらの方程式を，共変性の条件を用いてたててみよう．もし粘性を度外視すれば，圧力 p はスカラーであり，流体の密度と温度にのみ関係する．この場合，応力テンソルへの寄与は明らかに

$$p\delta_{\mu\nu}$$

である．ただしここに $\delta_{\mu\nu}$ は特殊対称テンソルである．粘性流体の場合にもこの項は存在する．しかしながらこの場合には，u_ν の空間微分に関係する項が圧力に入ってくる．この関係が1次の関係であると仮定する．これらの項は対称テンソルでなければならないから，入ってくる項は

$$\alpha\left(\frac{\partial u_\mu}{\partial x_\nu}+\frac{\partial u_\nu}{\partial x_\mu}\right)+\beta\delta_{\mu\nu}\frac{\partial u_\alpha}{\partial x_\alpha}$$

のみである(なぜなら $\dfrac{\partial u_\alpha}{\partial x_\alpha}$ はスカラーであるからである)．物理的理由(滑りのないこと)から，あらゆる方向への対称な膨脹に対しては，すなわち

$$\frac{\partial u_1}{\partial x_1}=\frac{\partial u_2}{\partial x_2}=\frac{\partial u_3}{\partial x_3}; \quad \frac{\partial u_2}{\partial x_3}=\frac{\partial u_3}{\partial x_1}=\frac{\partial u_1}{\partial x_2}=0$$

なる場合に対しては,摩擦力は存在しないと仮定する.これから $\beta = -\frac{2}{3}\alpha$ が得られる.もし $\frac{\partial u_1}{\partial x_3}$ のみが0でないと仮定した場合には,$p_{31} = -\eta \frac{\partial u_1}{\partial x_3}$ とおいて,これから α が決定される.こうして全応力テンソルに対してつぎの式を得る.

(18)
$$p_{\mu\nu} = p\delta_{\mu\nu}$$
$$-\eta \left[\left(\frac{\partial u_\mu}{\partial x_\nu} + \frac{\partial u_\nu}{\partial x_\mu} \right) - \frac{2}{3} \left(\frac{\partial u_1}{\partial x_1} + \frac{\partial u_2}{\partial x_2} + \frac{\partial u_3}{\partial x_3} \right) \delta_{\mu\nu} \right]$$

空間の等方性(あらゆる方向の同等性)から出てくる,不変式論の発見法的価値は,この例から明らかであろう.

最後に,ローレンツ(H. A. Lorentz)の電子論の基礎であるところのマックスウェル(J. C. Maxwell)の方程式をその形において考察しよう.

(19)
$$\begin{cases} \dfrac{\partial h_3}{\partial x_2} - \dfrac{\partial h_2}{\partial x_3} = \dfrac{1}{c} \dfrac{\partial e_1}{\partial t} + \dfrac{1}{c} i_1 \\ \dfrac{\partial h_1}{\partial x_3} - \dfrac{\partial h_3}{\partial x_1} = \dfrac{1}{c} \dfrac{\partial e_2}{\partial t} + \dfrac{1}{c} i_2 \\ \dfrac{\partial h_2}{\partial x_1} - \dfrac{\partial h_1}{\partial x_2} = \dfrac{1}{c} \dfrac{\partial e_3}{\partial t} + \dfrac{1}{c} i_3 \\ \dfrac{\partial e_1}{\partial x_1} + \dfrac{\partial e_2}{\partial x_2} + \dfrac{\partial e_3}{\partial x_3} = \rho \end{cases}$$

$$(20)\begin{cases}\dfrac{\partial e_3}{\partial x_2}-\dfrac{\partial e_2}{\partial x_3}=-\dfrac{1}{c}\dfrac{\partial h_1}{\partial t}\\[4pt]\dfrac{\partial e_1}{\partial x_3}-\dfrac{\partial e_3}{\partial x_1}=-\dfrac{1}{c}\dfrac{\partial h_2}{\partial t}\\[4pt]\dfrac{\partial e_2}{\partial x_1}-\dfrac{\partial e_1}{\partial x_2}=-\dfrac{1}{c}\dfrac{\partial h_3}{\partial t}\\[4pt]\dfrac{\partial h_1}{\partial x_1}+\dfrac{\partial h_2}{\partial x_2}+\dfrac{\partial h_3}{\partial x_3}=0\end{cases}$$

i は1つのベクトルである.なぜなら,電流密度は電荷密度に電荷の速度ベクトルを掛けたものとして定義されるからである.最初の3つの方程式によれば,e もまたベクトルと見なされるべきことは明らかである.そうすれば h はベクトルとは見なされない[*].しかしながらこの方程式は,h を2階の交代テンソルと見なすならば,容易に解釈される.この意味で,h_1, h_2, h_3 のかわりにそれぞれ h_{23}, h_{31}, h_{12} と書く.$h_{\mu\nu}$ の交代性に注意すれば,(19)および(20)の最初の3つの方程式は,

---

[*] これらの考察は,読者をして4次元的取扱いに対する特殊な困難を感じさせず,テンソル演算に馴れさせるだろう.そうすれば,特殊相対性理論における,これらに対応する考察(ミンコフスキー(H. Minkowski)の場の解釈)もそれほどの困難を与えることはない.

(19a) $$\frac{\partial h_{\mu\nu}}{\partial x_\nu} = \frac{1}{c}\frac{\partial e_\mu}{\partial t} + \frac{1}{c}i_\mu$$

(20a) $$\frac{\partial e_\mu}{\partial x_\nu} - \frac{\partial e_\nu}{\partial x_\mu} = +\frac{1}{c}\frac{\partial h_{\mu\nu}}{\partial t}$$

なる形に書かれる．e とは対照的に，h は角速度と同じタイプの対称性をもった量として現われる．したがって発散方程式は

(19b) $$\frac{\partial e_\nu}{\partial x_\nu} = \rho$$

(20b) $$\frac{\partial h_{\mu\nu}}{\partial x_\rho} + \frac{\partial h_{\nu\rho}}{\partial x_\mu} + \frac{\partial h_{\rho\mu}}{\partial x_\nu} = 0$$

なる形をとる．(20b)は，3階の交代テンソル方程式である（左辺のあらゆる添え字の組に関する交代性は，$h_{\mu\nu}$ の交代性に注意を払えば容易に証明される）．この記法は，普通の記法よりもより自然である．なぜなら，これは普通の記法と違って，符号をかえることなく，デカルト座標の右手系にも左手系にも当てはまるからである．

特殊相対性理論

　剛体の位置に関する以上の考察は，ユークリッド幾何学の妥当性に関する仮定とは無関係に，空間におけるあらゆる方向，またはデカルト座標系のあらゆる配位は，物理学的に同等であるという仮定の上にたてられたものであった．これを，"方向に関する相対性原理" として表現することができる．しかも，方程式(自然法則)が，この原理に合致させて，テンソル計算を用いていかにして見出されうるか，ということを示した．つぎに，基準空間の運動状態に関しても相対性が存在するかどうかを研究してみよう．言葉を換えていえば，物理的に等価な，互いに運動している基準空間が存在するかどうかを考えてみよう．力学的な見地からは，このような等価な基準空間は確かに存在すると思われる．なぜなら，地球上の実験によっては，われわれが太陽のまわりを毎秒約 30 km の速度で動いているという事実をわれわれは認め得ないからである．他方，この物理的な等価性は，任意の運動をしている基準空間に対しては成立しないように思われる．なぜなら，揺れ動いている汽車の中と，一様な速度で動いている汽車の中とでは，力学的な効果は同じ法則に従うとは思われないからである．地球に相対的な運動の方程式を書き下

すときには，地球の回転を考慮に入れなければならない．したがって，力学の法則（さらに一般に物理学の法則）が最も簡単な形に書かれるようなデカルト座標系，いわゆる慣性系が存在するかに思われる．われわれはつぎの定理が成立することを予想できる．すなわち，もし K が１つの慣性系であれば，K に対して一様に，回転することなく運動している他のすべての座標系 K' もまた１つの慣性系である．自然法則はすべての慣性系に対して一致する．この言明をわれわれは"特殊相対性原理"と呼ぼう．われわれが既に方向の相対性に対して行なったと同様にして，この"平行移動の相対性"原理から二，三の結論を引き出してみよう．

これを行なうためには，われわれはまずつぎの問題を解かなければならない．すなわち，１つの事象の，１つの慣性系 K に対するデカルト座標 x_ν と時刻 t とが与えられた場合，同じ事象の，K に対して一様な平行移動運動をしている他の慣性系 K' に対するデカルト座標 x'_ν と時刻 t' とはいかにして計算されるかという問題である．相対論以前の物理学においては，この問題は，無意識的につぎの２つの仮定をおくことによって解かれていた．すなわち

1. 時間は絶対的であって，K' に対するある事象の時刻 t' は，K に対する時刻 t と同一である．もし遠方へ瞬間的にとどく信号を発することができ，時計の運動状態はその進みに影響を与えないというのであれば，この仮定は物理学的に立証することができるであろう．なぜな

らこの場合には，互いに同様な構造をもち，しかも等しく調整された時計を，座標系 K および K' の上に，それらに対して静止しているよう分布させることができる．そしてその示す時刻は座標系の運動状態とは無関係である．したがって，ある事象の時刻は，そのすぐそばにある時計によって与えられるからである．

2. 長さは絶対的であって，もし K に対して静止しているある間隔が長さ s をもっていれば，それは K に対して運動している座標系 K' に対しても同一の長さ s をもっている．

もし K と K' の対応する座標軸が互いに平行であれば，これら 2 つの仮定に基づいた簡単な計算によって，変換の方程式

(21) $$\begin{cases} x'_\nu = x_\nu - a_\nu - b_\nu t \\ t' = t - b \end{cases}$$

が得られる．

この変換は "ガリレイ(G. Galilei)変換" として知られている．時間で 2 回微分することによって

$$\frac{d^2 x'_\nu}{dt'^2} = \frac{d^2 x_\nu}{dt^2}$$

を得る．さらに，2 つの同時的な事象に対しては

$$x'_\nu{}^{(1)} - x'_\nu{}^{(2)} = x_\nu{}^{(1)} - x_\nu{}^{(2)}$$

である．2つの点の間の距離の不変性は，これらの方程式を2乗して加えることによって得られる．これから，ニュートン(I. Newton)の運動方程式のガリレイ変換(21)に対する共変性が容易に導かれる．したがって古典的な力学は，物指しと時計に関する上の2つの仮定さえおけば，特殊相対性原理に則していることがわかる．

しかしながら，平行移動の相対性をガリレイ変換の上にたてようとするこの試みは，これを電磁現象にあてはめようとする場合には失敗する．マックスウェル-ローレンツの電磁方程式は，ガリレイ変換に対して共変的ではない．とくに注意すべきことは，(21)によって，Kに関してはcなる速度をもっていた光線は，K'に関してはこれと異なる，方向に依存する速度をもつことである．したがって，Kの基準空間は，その物理的性質に関して，それ(静止エーテル)に対して運動しているあらゆる基準空間から区別されることになる．しかしながらあらゆる実験は，基準剛体としての地球に関する，電磁現象と光学現象が，地球の並進運動の速度には影響されないことを示している．これらの実験のうちで最も重要なものは，マイケルソン(A. A. Michelson)とモーレー(E. W. Morley)の実験であるが，これらは知られているものと仮定する．したがって，電磁現象に関しても，特殊相対性原理の成り立つことは疑う余地がないのである．

他方マックスウェル-ローレンツの方程式は，運動する物体における光学の問題を取り扱う際にも，そのまま成立する

ことが示された．その他の理論はいずれも，光行差の事実，運動している物体中の光の伝播（フィゾー(H. Fizeau)），二重星において観測された現象（ドゥ-ジッター(W. de Sitter)）を十分に説明することはできなかった．したがって，真空中においては，光は速度 c で伝播するという，マックスウェル-ローレンツ方程式からの結論は，少なくとも一定の慣性系 K に対しては証明されたと見なさなければならない．特殊相対性原理によれば，この光速不変の原理が，他のいかなる慣性系に対しても成立することを認めなければならない．

特殊相対性原理と光速不変の原理というこれら2つの原理から，なんらかの結論を引き出す前に，われわれは，まず"時間"および"速度"という概念の物理的意味を振り返ってみなければならない．1つの慣性系に関する座標は，物理的には，剛体を用いた計測と構成によって定義されるということは，前の考察からわかる．時間を測るために，K に対して静止し，どこかに置かれた時計 U を仮定した．しかしながら，この時計を用いたのでは，時計からの距離が無視しえないような事象の時刻を定めることはできない．なぜなら，その事象の時刻とその時計の時刻とを比較するために使い得るような，"瞬間的に到達する信号"は存在しないからである．時間の定義を完成するためには，真空中における，光速不変の原理を用いることができる．1つの慣性系 K の各点に，それに対して静止しているように，同じ構造の時計

を配置し，それらは次の方法で調整されたものと考えよう．1つの時計 U_m から，それが時刻 t_m を指している瞬間に1つの光線が発せられ，それは真空中を距離 r_{mn} だけ走って時計 U_n に達する．この光線が時計 U_n に達したときに，この時計が時刻 $t_n = t_m + \dfrac{r_{mn}}{c}$ を示すように調整する*．そうすれば，光速不変の原理は，このような時計の調整が矛盾を導かないだろうということをのべている．このように調整された時計を用いるならば，そのうちの1つの近くに起こる事象に対して時刻を与えることができる．しかしながら時間のこの定義は，慣性系 K に関してのみであることに注意するのが肝要である．なぜなら，K に対して静止している時計の集まりを用いたからである．相対論以前の物理学においてなされた時間の絶対性(すなわち時間が慣性系の選び方に無関係であるということ)は，この定義からは決して出てこない．

相対性理論は，光の伝播法則の上に時間の概念を樹立し，なんらの根拠なしに光の伝播に中心的かつ理論的役割を与えるといって，しばしば批判される．しかしながら事情は次の通りである．時間の概念に対して物理的な意味を与えるため

---

* 厳密にいえば，例えば次のように，まず最初に同時性を定義する方がより正確である．慣性系 K の点 A および B に起こる2つの事象は，間隔 AB の中点 M でそれらを観測した場合，同じ瞬間に見えるならば同時である．この場合，時間は，K に対して静止しており，同時に同一の時刻を示す，同じ構造をもった時計の指針の集合として定義される．

には，種々の場所における時間の関係をうちたてることを可能にするような，何らかの操作が要求される．時間のこのような定義に対して，どんな種類の操作を選ぼうともそれは問題ではない．しかしながら理論にとって都合のよいのは，それに関してわれわれが何か確実なことを知っている操作のみを選ぶことである．マックスウェルとローレンツの研究のおかげで，このことは，真空中の光の伝播に対してこそ，他の考え得るいかなる現象よりもさらに高度に成り立つのである．

これらすべての考察によって，空間と時間は物理的に現実の意味をもち得るのであって，これは決して単なる想像的なものではない．とくにこれは，座標と時間の入ってくるあらゆる関係，例えば(21)なる関係に対して成り立つのである．したがって，これらの方程式が正しいかどうかを尋ねることは，1つの慣性系 K からこれに対して運動している他の慣性系 K' へ移る真の変換方程式は何であるかを尋ねることと同様，意味があるのである．さて，このような変換方程式は，光速不変の原理と特殊相対性原理とを用いて一意に樹立し得ることが，次のようにして示される．

そのためにわれわれは，2つの慣性系 K および K' に対して，上に示されたような方法で物理的に定義された空間および時間を考える．さらに1つの光線が，K の1点 P_1 から K の他の点 P_2 へ真空中を通って行くとしよう．r をこれら2点間を計測した距離とすれば，光の伝播は，方程式

$$r = c \cdot \Delta t$$

を満足しなければならない.

この方程式を2乗し, r^2 を座標の差 Δx_ν で表わせば, この方程式の代りに

(22) $$\sum_{\nu=1}^{3}(\Delta x_\nu)^2 - c^2(\Delta t)^2 = 0$$

と書くことができる. この方程式は, K に相対的な光速が不変であるという原理を表わしている. この方程式は, 光線を発する光源の運動いかんにかかわらず成立しなければならない.

同じ光の伝播が K' に関しても考えられるはずである. そしてこの場合にも光速不変の原理は満足されなければならない. したがって, K' に関して, 方程式

(22a) $$\sum_{\nu=1}^{3}(\Delta x'_\nu)^2 - c^2(\Delta t')^2 = 0$$

を得る.

方程式(22a)と(22)は, K を K' に移す変換に対して互いに両立するものでなければならない. これを行なう変換を"ローレンツ変換"と呼ぼう.

これらの変換を詳細に考察する前に, 空間と時間に関する二, 三の一般的な注意をしよう. 相対論以前の物理学においては, 空間と時間は互いに分離した実在であった. 時間の指示は基準空間の選び方に無関係であった. ニュートン力学

は基準空間に対して相対的であった．したがってたとえば2つの同時でない事象が同一の場所で起こったという言明は，客観的な(すなわち基準空間に無関係な)意味をもっていない．しかしこの相対性は，理論の建設になんらの役割も果していない．人々はあたかもそれらが絶対的な実在であるかのように，空間の点および時間の瞬間について語る．時空を指定する真の要素は，4つの数 x_1, x_2, x_3, t で与えられる事象であるということが注意されていなかった．何かが起こっているという考えは，つねに4次元連続体のそれである．

しかしながらこの事実の認識は，相対論以前の時間の絶対的性格によって曖昧にされていたのである．時間の絶対的性格に関する仮定，そして特に同時性に関する仮説を放棄することによって，時空の概念の4次元性は直ちに認められる．物理的現実性をもっているのは，何かが起こる空間中の1点でも，時間中の一瞬でもなく，その現象そのものだけである．2つの事象の間には，空間における(基準空間に無関係な)絶対的関係も，時間における絶対的関係も存在しない．つぎにみるように，ただ空間と時間における(基準空間に無関係な)絶対的関係が存在するのみである．

4次元連続体を3次元空間と1次元時間連続体とに分けることに，なんら客観的合理的なものが存在しないという事情は，自然法則が，4次元時空連続体中の法則として表わされたときに，論理的に最も満足な形をとることを示している．相対性理論が，ミンコフスキーのおかげで大きな方法的進歩

をとげたのはこの事実によるのである．この見地から考えるならば，x_1, x_2, x_3, t を，4次元連続体中の1事象の4つの座標と見なさなければならない．

この4次元連続体中の関係を想像することは，3次元ユークリッド連続体中でこれを行なうよりはるかに難しい．しかしながら，ユークリッド3次元幾何学においてさえ，その概念と関係は，われわれが頭の中に描く抽象的な性質のものであって，われわれが実際に目で見，手でさわってつくる像とは決して同一でないことを強調しておくべきであろう．しかしながら事象の4次元連続体を分離し得ないということは，決して空間座標と時間座標の等価性を引き出しはしない．むしろ反対に，時間座標は，空間座標とは物理的に全然異なる方法で定義されたことを思い出すべきである．ローレンツ変換を定義する(22)および(22a)なる関係は，さらに，時間座標と空間座標の役割の違いを示している．なぜなら $(\Delta t)^2$ なる項は，空間の項 $(\Delta x_1)^2, (\Delta x_2)^2, (\Delta x_3)^2$ と相異なる符号をもっているからである．

ローレンツ変換を定義する条件をさらに分析する前に，時間 t の代りに光時(light-time)[†] $l=ct$ を導入しよう．これは，定数 c が，以下に現われる公式の中にあらわに入ってこないようにするためである．そうすればローレンツ変換は，まず方程式

───────────────
[†] 光年のもじり．時間 t を，その間に光が進む距離 $l=ct$ で表わす．(以下，[†] は解説者注を示す)

(22b) $(\Delta x_1)^2+(\Delta x_2)^2+(\Delta x_3)^2-(\Delta l)^2 = 0$

を1つの共変方程式となるように定義される．ここに共変方程式というのは，われわれがそれに関して2つの与えられた事象(光線の放射と吸収)を表わすところの慣性系において，もしそれが満足されていれば，それが他のすべての慣性系に対しても満足されているというような方程式である．最後に，ミンコフスキーにしたがって，実の時間座標 $l=ct$ の代りに，虚の時間座標

$$x_4 = il = ict \quad (\sqrt{-1} = i)$$

を導入する．そうすれば，光の伝播を定義する方程式は，ローレンツ変換に対して共変でなければならないが

(22c)
$$\sum_{\nu=1}^{4} (\Delta x_\nu)^2 = (\Delta x_1)^2+(\Delta x_2)^2+(\Delta x_3)^2+(\Delta x_4)^2 = 0$$

となる．もしわれわれが

(23) $s^2 = (\Delta x_1)^2+(\Delta x_2)^2+(\Delta x_3)^2+(\Delta x_4)^2$

がこの変換に対して不変であるというさらに特殊な条件を満足させるならば，次に示すとおりローレンツ変換に対して

共変という条件は常に満足される*. この条件は, 1次変換, すなわち

(24) $$x'_\mu = a_\mu + b_{\mu\alpha} x_\alpha$$

なる形の変換によってのみ満足される. ただしここに α に関する総和は $\alpha=1$ から $\alpha=4$ まで行なうものとする. 方程式(23)と(24)を見れば, このように定義されたローレンツ変換は, 次元数の違うことと, 実の関係ではないということを度外視すれば, ユークリッド幾何学における並進および回転変換と同一であることがわかる. また, 係数 $b_{\mu\alpha}$ が条件

(25) $$b_{\mu\alpha} b_{\nu\alpha} = \delta_{\mu\nu} = b_{\alpha\mu} b_{\alpha\nu}$$

を満足しなければならないことを結論することができる. x_1, x_2, x_3 は実数, x_4 は純虚数であるから, 純虚数である $a_4, b_{41}, b_{42}, b_{43}, b_{14}, b_{24}, b_{34}$ を除くすべての a_μ と $b_{\mu\alpha}$ は実数であることがわかる.

特殊ローレンツ変換 座標のうちの2つだけが変換され, 新しい原点を決定する a_μ は, すべて0であるとすれば, (25)を満足する(24)の形の変換のうちで最も簡単な変換が得られる. この場合, 添え字1と2に対しては, 関係式(25)の与える3つの独立な条件によって,

---

* この特殊化がこの問題の本性から許されることは後にわかる.

$$(26) \quad \begin{cases} x'_1 = x_1 \cos\phi - x_2 \sin\phi \\ x'_2 = x_1 \sin\phi + x_2 \cos\phi \\ x'_3 = x_3 \\ x'_4 = x_4 \end{cases}$$

を得る．

これは，空間における，(空間)座標系の x_3 軸の周りの単なる回転である．われわれが以前に研究した(時間の変換を伴わない)空間の回転変換は，特別な場合としてローレンツ変換に含まれているのがみられる．添え字1および4に対しては，同様の方法によって

$$(26\mathrm{a}) \quad \begin{cases} x'_1 = x_1 \cos\psi - x_4 \sin\psi \\ x'_2 = x_2 \\ x'_3 = x_3 \\ x'_4 = x_1 \sin\psi + x_4 \cos\psi \end{cases}$$

が得られる．

x_1, x_2, x_3, t が実数であるから，ψ は虚数に選ぶべきである．これらの方程式を物理的に解釈するために，虚の角 ψ の代りに，実の光時 $l=ct$ と，K' の K に対する速度 v を1光時あたりに進む距離として導入する．まず

$$x'_1 = x_1 \cos\psi - il \sin\psi$$
$$l' = -ix_1 \sin\psi + l \cos\psi$$

を得る．K'の原点に対しては，すなわち$x'_1=0$に対しては，$x_1=vl$でなければならないから，上の第一の方程式から

(27) $$v = i\tan\psi$$

したがって

(28) $$\begin{cases} \sin\psi = \dfrac{-iv}{\sqrt{1-v^2}} \\ \cos\psi = \dfrac{1}{\sqrt{1-v^2}} \end{cases}$$

を得る．したがって

(29) $$\begin{cases} x'_1 = \dfrac{x_1-vl}{\sqrt{1-v^2}} \\ x'_2 = x_2 \\ x'_3 = x_3 \\ l' = \dfrac{l-vx_1}{\sqrt{1-v^2}} \end{cases}$$

を得る．

これらの方程式は，有名な特殊ローレンツ変換をなしている．これは，一般論においては，4次元座標系の，虚角だけの回転を表わしている．もし光時lの代りに普通の時間tを導入すれば，(29)においてlをctで置きかえなければならない．

さて，1つのギャップをうめなければならない．光速不変

の原理から，方程式

(29a) $$\sum_{\nu=1}^{4} (\Delta x_\nu)^2 = 0$$

は慣性系の選択いかんにかかわらない意味をもっていることがわかる．しかしながら $\sum_{\nu=1}^{4} (\Delta x_\nu)^2$ なる量の不変性は決してこれからは出てこない．この量は，変換されて1つの因数が掛かるかもしれない．これは，(29a)の左辺に v に依存した1つの因数 λ が掛かる可能性もあるという事実による．しかしながら相対性原理によれば，この因数が1以外のものではありえない．これを以下に示そう．その軸の方向に動きつつある剛体の円柱があると考えよう．静止の位置で，単位の物指しで測ったその半径が R_0 に等しかったとしても，運動中の半径 R は R_0 と異なるかもしれない．なぜなら，相対性理論は，1つの基準空間に対する物体の形が，その基準空間に対する運動と無関係であるという仮定は，設けないからである．しかしながら空間におけるあらゆる方向は互いに等価でなければならない．したがって R はその速度の大きさ $q=v/c$ には関係するかもしれないが，その方向には関係しないはずである．したがって R は q の偶関数でなければならない．もし円柱が K' に対して静止しておれば，その側面の方程式は

$$x'^2 + y'^2 = R_0{}^2$$

である．もし(29)の第二，第三の方程式をさらに一般に

(29b)
$$x'_2 = \lambda x_2$$
$$x'_3 = \lambda x_3$$

と書けば，K に関する円柱の側面は方程式

$$x^2 + y^2 = \frac{R_0{}^2}{\lambda^2}$$

を満足する．したがって因数 λ は，円柱の側面の収縮を測るものである．したがって上述の議論から v の偶関数でなければならない．

われわれは (29a) の $\sum_{\nu=1}^{4}(\varDelta x_\nu)^2$ が変換されて因数のかかる可能性を考えようとしているので (29b) だけでなく

(29c)
$$\begin{cases} x'_1 = \lambda(v)\dfrac{x_1 - v x_4}{\sqrt{1-v^2}} \\ x'_2 = \lambda(v) x_2 \\ x'_3 = \lambda(v) x_3 \\ x'_4 = \lambda(v)\dfrac{x_4 - v x_1}{\sqrt{1-v^2}} \end{cases}$$

としなければならない．

K' に対して，K の x_1 軸の負の方向に速度 v をもって動いている第三の座標系 K'' を導入すれば，(29c) を v と $-v$ について次々に適用することによって

$$x'_\nu = \lambda(-v)\lambda(v) x_\nu \quad (\nu = 1, \cdots, 4)$$

を得る．さて，$\lambda(v)$ は $\lambda(-v)$ に等しくなければならず，す

べての座標系で同じ物指しを用いると仮定しているのであるから，K'' から K への変換は恒等変換でなければならないこともわかる（$\lambda=-1$ なる可能性は考慮する必要がないからである）．これらの考察においては，物指しの性質がその以前の運動経歴には無関係であるということを仮定することが本質的である．

運動する物指しと時計 整数 $x'_1=n$ で与えられる点の，一定の K 系の時刻 $l=0$ における位置は $x_1=n\sqrt{1-v^2}$ で与えられる．これは(29)の第1式から得られる結果であって，ローレンツ収縮を表わしている．その進み[†]が $l=n$ で与えられる，K の原点 $x_1=0$ に静止している時計は，K' からみれば

$$l' = \frac{n}{\sqrt{1-v^2}}$$

で与えられる進みをもっている．これは(29)の第4式から得られる結論であって，時計は，K' に対して静止しているときよりもゆっくり進むことを示している．すべての基準系に対して相対的に成立するこれら2つの帰結は，いかなる約束とも別に，ローレンツ変換の物理的内容をなしている．

速度の加法定理 相対速度 v_1 および v_2 をもった2つの特殊ローレンツ変換を結合すれば，2つの別々な変換の合成として得られる唯1つのローレンツ変換の速度は，(27)に

[†] 時計が進んだ時間．原文は beats.

よって

(30) $\quad v_{12} = i\tan(\psi_1+\psi_2) = i\dfrac{\tan\psi_1+\tan\psi_2}{1-\tan\psi_1\tan\psi_2}$

$\qquad\quad = \dfrac{v_1+v_2}{1+v_1v_2}$

で与えられる．

ローレンツ変換とその不変式論に関する一般的事柄 特殊相対性理論の不変式論のすべては，(23)の与える不変式 s^2 に依存している．形式的にはこれは4次元時空連続体において，ユークリッド幾何学と相対論以前の物理学における不変量 $(\Delta x_1)^2+(\Delta x_2)^2+(\Delta x_3)^2$ と同様の役割をもっている．後者の量は，すべてのローレンツ変換に対する不変量ではない．方程式(23)の与える量 s^2 がこの不変量の役割を果しているのである．任意の慣性系に対して，s^2 は測定によって決定しうる．1つの与えられた計測単位を用いるならば，これは，任意の1対の事象に結びつけられた，完全に定まる1つの量である．

不変量 s^2 は，その次元の数を別にしても，次の諸点で，ユークリッド幾何学におけるそれに対応する量とは異なるのである．ユークリッド幾何学においては，s^2 は必然的に正である．それは問題の2点が一致する時にのみ0となる．他方

$$s^2 = \sum_{\nu=1}^{4}(\Delta x_\nu)^2 = (\Delta x_1)^2+(\Delta x_2)^2+(\Delta x_3)^2-c^2(\Delta t)^2$$

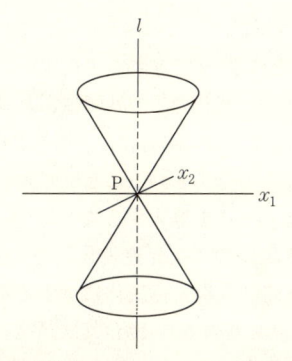

図1 P が原点 $x_1=x_2=x_3=l=0$ にある場合

が0になったからといって,これから2つの時空の点が一致するとは結論し得ない.この量 s^2 が0になることは,2つの時空の点が真空中の光信号で結び得るための不変の条件である.Pを,x_1, x_2, x_3, l の4次元空間の原点(1事象)とすれば,Pと光信号で結びうるすべての"点"は,円錐 $s^2=0$ の上にある(図1参照,ただしここに x_3 なる次元は省略してある).円錐の"上"半分は,Pから光信号を送り得る"点"を含んでいる.また円錐の"下"半分は,Pへ光信号を送り得る"点"を含んでいる.円錐曲面で囲まれた部分の点P′は,点Pと対にすれば負の s^2 を与える.したがってPP′は,P′Pと同様に,ミンコフスキーのいい方によれば,時間的性格のものである.このような間隔は,可能な運動軌道の一部を表わしている.なぜならばその速度は光の速度よ

りも小さいからである*. この場合には, 慣性系の運動状態を適当に選ぶことによって, l軸をPP′の方向に引くことができる. もしP′が"光円錐"の外側にあれば, PP′は空間的性格のものである. この場合には, 慣性系を適当に選ぶことによって, Δl を 0 ならしめることができる.

虚の時間変数 $x_4 = il$ を導入することによって, ミンコフスキーは, 物理現象の 4 次元連続体に対する不変式論を, ユークリッド空間の 3 次元連続体に対する不変式論とまったく同じものに直したのであった. したがって, 特殊相対性理論における 4 次元テンソルの理論は, 3 次元空間のテンソルの理論と, 次元の数および実数の関係という点で異なるのみである.

x_1, x_2, x_3, x_4 という任意の慣性系において, 4つの量 A_j で表わされる物理学的実体は, もし A_j がその虚実の関係においても変換の性質においても, Δx_j に対応する性質をもっていれば, それは成分 A_j をもった 4 次元ベクトルと呼ばれる. この 4 次元ベクトルは, 空間的性格のものであることも, 時間的性格のものであることもある. 16 個の量 A_{jk} は, もしそれらが公式

$$A'_{jk} = b_{jb} b_{kc} A_{bc}$$

によって変換するならば, 2 階のテンソルの成分をなしてい

―――――――――
* 光の速度をこえる物質の速度がありえないことは, 特殊ローレンツ変換(29)の中に $\sqrt{1-v^2}$ なる平方根の現われることからわかる.

る．これから A_{jk} は，その変換の性質に関しても虚実の関係に関しても，2つの4次元ベクトル U および V の成分の積 $U_j V_k$ のように振舞うことがわかる．添え字4を1つ含むものを除けば，すべての成分は実である．そして添え字4を1つ含むものは純虚数である．3階およびそれ以上の階数のテンソルも同様に定義される．これらのテンソルに対する加法，減法，乗法，縮約および微分の演算は，3次元空間におけるテンソルに対する，これに対応する演算とまったく同様である．

4次元時空連続体に対してテンソルの理論をあてはめる前に，とくに交代テンソルを調べてみよう．2階のテンソルは，一般に 16＝4×4 個の成分をもっている．しかし交代テンソルの場合には，2つの相等しい添え字をもった成分は0となり，等しくない添え字をもった成分は，2つずつ対になって，絶対値が相等しく符号が相反する値をもっている．したがって，ただ6個の独立な成分をもっているだけである．実際電磁場の場合がそうである．なぜなら，マックスウェルの方程式を考える場合，電磁場を1つの交代テンソルと見なすならば，マックスウェル方程式をテンソル方程式と見なしうることが示されるからである．さらに，3階の交代(すべての添え字の組に対して交代)テンソルは，明らかにたった4つの独立な成分しかもっていない．なぜなら，3つの相異なる添え字の組合せは4つしかないからである．

さて，マックスウェルの方程式 (19a), (19b), (20a) および

(20b)に戻って，記号*

(30a) $\begin{cases} \phi_{23}, & \phi_{31}, & \phi_{12}, & \phi_{14}, & \phi_{24}, & \phi_{34} \\ h_{23}, & h_{31}, & h_{12}, & -ie_x, & -ie_y, & -ie_z \end{cases}$

(31) $\begin{cases} J_1, & J_2, & J_3, & J_4 \\ \dfrac{1}{c}i_x, & \dfrac{1}{c}i_y, & \dfrac{1}{c}i_z, & i\rho \end{cases}$

を導入しよう．ただしここに ϕ_{jk} は $-\phi_{kj}$ に等しいと約束する．そうすれば，マックスウェルの方程式は，(30a)と(31)を代入してみれば容易にわかるように，

(32) $$\frac{\partial \phi_{jk}}{\partial x_k} = J_j$$

(33) $$\frac{\partial \phi_{jk}}{\partial x_l} + \frac{\partial \phi_{kl}}{\partial x_j} + \frac{\partial \phi_{lj}}{\partial x_k} = 0$$

の形にまとめられる．もし ϕ_{jk} および J_j がテンソル性をもっていれば，方程式(32)と(33)はテンソル性をもっており，したがってローレンツ変換に対して共変的である．ϕ_{jk} および J_j がテンソル性をもつことを仮定する．したがって，これらの量を，1つの(慣性)座標系から他の可能なそれに移す変換法則は，一義的に決定される．電気力学が特殊相対性理論に負うところの方法論的進歩は，主として，独立な仮定の

---

* 混同を避けるために，今後は3次元空間に関する添え字としては，$1, 2, 3$ の代りに x, y, z を用いることとする．そして数字の添え字 $1, 2, 3, 4$ は専ら4次元時空連続体のためにのみ用いることとする．

数が減少させられたというこの点にあるのである．例えば，方程式(19a)を，上に行なったように単に方向の相対性の見地からのみ考察するならば，それらは論理的に独立な3つの項をもっているのがみられる．電場の強さがこの方程式の中に入る仕方は，磁場の強さがこの方程式の中に入る仕方とまったく独立であるように見える．$\frac{\partial e_\mu}{\partial l}$ の代りに，例えば $\frac{\partial^2 e_\mu}{\partial l^2}$ が入っていても，またはこの項が欠けていても，われわれは怪しまないであろう．他方，方程式(32)のなかには，たった2つの独立な項しか現われない．電磁場は，1つの形式的に単一なものとして現われている．この方程式の中へ電場の入る仕方は，この方程式の中へ磁場が入る仕方によって決定される．電場のほかに，電流密度のみが独立な実体として現われている．この方法論的進歩は，電場および磁場が，運動の相対性によってその分離した存在を失ってしまうという事実から起こっているのである．ある系からは，純粋に電場であると思われる場も，他の慣性系から見れば，磁場の成分ももっているのである．その一般の変換法則は，これを電磁場にあてはめれば，特殊ローレンツ変換という特別な場合に対しては，方程式

$$(34) \begin{cases} e'_x = e_x & h'_x = h_x \\ e'_y = \dfrac{e_y - v h_z}{\sqrt{1-v^2}} & h'_y = \dfrac{h_y + v e_z}{\sqrt{1-v^2}} \\ e'_z = \dfrac{e_z + v h_y}{\sqrt{1-v^2}} & h'_z = \dfrac{h_z - v e_y}{\sqrt{1-v^2}} \end{cases}$$

を与える．

　K に関しては，磁場 h のみが存在して電場 e は存在しなかったとしても，K' に対しては，電場 e' もまた存在するわけであって，これは K' に対して静止する荷電粒子に働く．K に対して静止している観測者は，この力をビオ(J.-B. Biot)-サバール(F. Savart)の力，またはローレンツの力として表わすことであろう．したがってあたかも，この力が，電場の強さとともに唯1つの実体に融けこんだように見える．

　この関係を形式的にみるために，単位体積の電荷に働く力を表わす式

(35) $$\boldsymbol{K} = \rho\boldsymbol{e} + \boldsymbol{i} \times \boldsymbol{h}$$

を考えよう．ここに $\boldsymbol{i}$ は電荷の速度ベクトルである．もし，(30a)および(31)にしたがって J_j および ϕ_{jk} を導入すれば，この式の第一の成分に対して

$$\phi_{12}J_2 + \phi_{13}J_3 + \phi_{14}J_4$$

を得る．テンソル ϕ の交代性によって ϕ_{11} は0になることに注意すれば，$\boldsymbol{K}$ の成分は，4次元ベクトル

(36) $$K_j = \phi_{jk}J_k$$

の最初の3つの成分で与えられる．そして第四番目の成分は

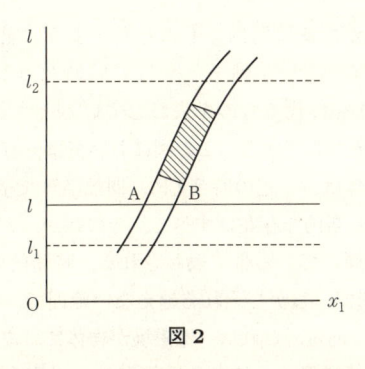

図2

(37)
$$K_4 = \phi_{41}J_1 + \phi_{42}J_2 + \phi_{43}J_3 = i(e_x i_x + e_y i_y + e_z i_z) = i\lambda$$

で与えられる．したがって，単位体積に対する力の4次元ベクトルが存在し，その最初の3つの成分 K_1, K_2, K_3 は，単位体積に働く力の成分であり，その第四の成分は，単位体積に単位時間になされる場の仕事に $\sqrt{-1}/c$ を掛けたものである．

(36)と(35)を比較すれば，相対性理論は，電場からの力 ρe とビオ-サバールまたはローレンツの力 $i \times h/c$ を形式的に統合するものであることがわかる．

質量とエネルギー 4次元ベクトル K_j の存在と意義から，1つの重要な結論が導かれる．1つの物体があって，そ

れに電磁場がある時間働くものと考えよう．記号的な図2において，Ox_1 は x_1 軸を，そして同時に3つの空間軸 Ox_1, Ox_2, Ox_3 に代るものを表わしているとする．Ol は実の時間軸を表わしている．この図においては，有限な大きさをもった物体は，一定の時刻 l に，間隔 AB で表わされる．この物体の時空的な存在はすべて，その縁が，どこでも l 軸と 45° 以内傾いている帯で表わされる．時間的切断面 $l=l_1$ と $l=l_2$ の間で，しかしそれを越えない範囲で，帯の一部分に影がつけてある．これは，電磁場が物体に，またはそれに含まれる電荷に働く，時空多様体中の一部分を表わしている．この場合，電荷への作用は物体に伝えられるものとする．つぎに，この作用の結果として物体の運動量およびエネルギーに起こる変化を考えよう．

運動量とエネルギーの原理が，この物体に対して成立すると仮定する．そうすれば，運動量の変化 $\Delta I_x, \Delta I_y, \Delta I_z$ とエネルギーの変化 ΔE とは，式

$$\Delta I_x = \int_{l_1}^{l_2} dl \int k_x dx dy dz = \frac{1}{i} \int K_1 dx_1 dx_2 dx_3 dx_4$$

$$\Delta I_y = \int_{l_1}^{l_2} dl \int k_y dx dy dz = \frac{1}{i} \int K_2 dx_1 dx_2 dx_3 dx_4$$

$$\Delta I_z = \int_{l_1}^{l_2} dl \int k_z dx dy dz = \frac{1}{i} \int K_3 dx_1 dx_2 dx_3 dx_4$$

$$\frac{\Delta E}{c} = \int_{l_1}^{l_2} dl \int \lambda dx dy dz = \frac{1}{i} \int \frac{1}{i} K_4 dx_1 dx_2 dx_3 dx_4$$

で与えられる．4次元的体積要素は1つの不変量であり，

(K_1, K_2, K_3, K_4) は4次元ベクトルを作っているから，影をつけた部分にわたる4次元的積分は4次元ベクトルのように変換する．同様に，境界 l_1 および l_2 の間の積分もまた4次元ベクトルのように変換する．なぜなら，影をつけない部分は積分に対してなんらの影響を及ぼさないからである．したがって，$\Delta I_x, \Delta I_y, \Delta I_z, i\Delta E/c$ は4次元ベクトルを作ることがわかる．一般に，ある量自身はその増分と同様の変換をするから，4つの量

$$I_x, \quad I_y, \quad I_z, \quad iE/c$$

の集合はそれ自身ベクトルの性質をもっていることがわかる．これらの量は，（例えば時刻 $l=l_1$ における）物体の瞬間的状態と呼ばれる．

この4次元ベクトルはまた，質点と考えられた物体の質量 m と速度とを用いて表わし得る．この式を作るために，まず

(38)
$$-ds^2 = d\tau^2 = -(dx_1{}^2+dx_2{}^2+dx_3{}^2)-dx_4{}^2 = dl^2(1-q^2)$$

は1つの不変量であり，質点の運動を表わす4次元曲線の無限に小さな一部分に関するものであることに注意しよう．不変量 $d\tau$ の物理的な意味は容易に与えられる．もし時間軸を，われわれの考えている線素の方向をもつように選ぶならば，または言葉をかえていえば，もし質点が静止するように

軸をとるならば，$d\tau=dl$ を得る．したがってこれは，質点と同じ場所に静止している時計を用いて光が進む距離で測った時間を表わす．したがって，τ をこの質点の固有時と呼ぶ．dl と違って $d\tau$ は1つの不変量であり，光の速度にくらべれば小さい速度をもった運動に対しては，実際的には dl に等しい．したがって

$$(39) \quad u_\sigma = \frac{dx_\sigma}{d\tau}$$

は，dx_ν と同じく，ベクトルの性格をもっている．u_σ を(c を単位とした)速度の4次元ベクトル(簡単には4-ベクトル)と呼ぼう．(38)によって，その成分は条件

$$(40) \quad \sum_{\sigma=1}^{4} u_\sigma{}^2 = -1$$

を満足している．その成分が，普通の記号で書けば，

$$(41) \quad \frac{q_x}{\sqrt{1-q^2}}, \quad \frac{q_y}{\sqrt{1-q^2}}, \quad \frac{q_z}{\sqrt{1-q^2}}, \quad \frac{i}{\sqrt{1-q^2}}$$

で，この4次元ベクトルは，3次元においては

$$q_x = \frac{dx}{dl}, \quad q_y = \frac{dy}{dl}, \quad q_z = \frac{dz}{dl}$$

で定義される，質点の速度成分から作られる唯一の4次元ベクトルである．したがって，

$$(42) \quad \left(mc\frac{dx_\mu}{d\tau}\right)$$

が，上にその存在を証明した運動量-エネルギーの4次元ベ

クトルと等しいとすべき4次元ベクトルでなければならない．これらの成分を等しいとすれば，3次元の記号で書いて

(43)
$$\begin{cases} I_x = \dfrac{mcq_x}{\sqrt{1-q^2}} \\ I_y = \dfrac{mcq_y}{\sqrt{1-q^2}} \\ I_z = \dfrac{mcq_z}{\sqrt{1-q^2}} \\ \dfrac{E}{c} = \dfrac{mc}{\sqrt{1-q^2}} \end{cases}$$

を得る．

これらの運動量の成分は，光の速度にくらべて小さな速度に対しては古典力学のそれに一致している．速度が大きくなると，運動量は速度の1次より急速に増加し，光の速度に近づくにつれて無限大になる．

(43)の最後の方程式を，静止の状態にある($q=0$)質点にあてはめるならば，静止している物体のエネルギー E_0 は，その (質量)$\times c^2$ に等しいことがわかる．

(44) $$E_0 = mc^2$$

したがって，質量とエネルギーとは本質的に同等なものである．それらは同一のものの異なる表現であるに過ぎない．物体の質量は一定ではない．それはそのエネルギーの変化とと

もに変化する*．方程式(43)の最後の式から，E は，q が1に，すなわち光の速度に近づくとき無限大になるのがみられる．もし E を q^2 のベキ級数に展開すれば，

$$(45) \quad E = mc^2 + \frac{m}{2}(cq)^2 + \frac{3}{8}mc^2q^4 + \cdots$$

を得る．この展開における第2項は，古典力学における，質点の運動エネルギーに相当する．

質点の運動方程式 (43)から，これを時間 l で微分し，運動量の原理を用いれば，3次元ベクトルの記号で

$$(46) \quad \boldsymbol{K} = \frac{d}{dl}\left(\frac{mc\boldsymbol{q}}{\sqrt{1-q^2}}\right)$$

を得る．

前に電子の運動に対してH. A. ローレンツによって用いられたこの方程式は，β 線に関する実験において，非常に大きな精密度をもって成立することが証明されている．

電磁場のエネルギー・テンソル 相対性理論の発展以前からすでに，エネルギーと運動量の法則は，電磁場に対しては別の形に書けることが知られていた．これらの法則の4次元的定式化は，1つの重要な概念，エネルギー・テンソルの

---

* 放射性崩壊の過程におけるエネルギーの放出は，原子量が整数でないという事実と明らかに関係がある．方程式(44)で表わされる静止の質量と静止のエネルギーとの間の同等性は，最近多くの場合に確かめられている．放射性元素の崩壊においては，崩壊後の質量の和は，崩壊した原子の質量よりもつねに小さい．その差は，生じた粒子の運動エネルギーの形で，また，放出された輻射エネルギーの形で現われる．

概念を導く．これは，相対性理論をさらに発展させるために重要なものである．

単位体積に対する力の4次元ベクトルに対する式

$$K_j = \phi_{jk} J_k$$

において，場の方程式(32)を用いて J_k を場の強さ ϕ_{jk} で表わせば，これを変形して場の方程式(32), (33)をくりかえし用いることによって，式

(47) $$K_j = -\frac{\partial T_{jk}}{\partial x_k}$$

を得る．ただしここに

(48) $$T_{jk} = -\frac{1}{4}\phi_{ab}\phi_{ab}\delta_{jk} + \phi_{ja}\phi_{ka}$$

と書いた*．

方程式(47)の物理学的意味は，この方程式の代りに，新しい記号を用いてつぎのように書けば明らかになる．すなわち，

---

* 添え字 a, b に関して加えるものとする．

$$\text{(47a)} \begin{cases} k_x = -\dfrac{\partial p_{xx}}{\partial x} - \dfrac{\partial p_{xy}}{\partial y} - \dfrac{\partial p_{xz}}{\partial z} - \dfrac{\partial (ib_x)}{\partial (il)} \\[4pt] k_y = -\dfrac{\partial p_{yx}}{\partial x} - \dfrac{\partial p_{yy}}{\partial y} - \dfrac{\partial p_{yz}}{\partial z} - \dfrac{\partial (ib_y)}{\partial (il)} \\[4pt] k_z = -\dfrac{\partial p_{zx}}{\partial x} - \dfrac{\partial p_{zy}}{\partial y} - \dfrac{\partial p_{zz}}{\partial z} - \dfrac{\partial (ib_z)}{\partial (il)} \\[4pt] i\lambda = -\dfrac{\partial (is_x)}{\partial x} - \dfrac{\partial (is_y)}{\partial y} - \dfrac{\partial (is_z)}{\partial z} - \dfrac{\partial (-\eta)}{\partial (il)} \end{cases}$$

または,虚数を消去して

$$\text{(47b)} \begin{cases} k_x = -\dfrac{\partial p_{xx}}{\partial x} - \dfrac{\partial p_{xy}}{\partial y} - \dfrac{\partial p_{xz}}{\partial z} - \dfrac{\partial b_x}{\partial l} \\[4pt] k_y = -\dfrac{\partial p_{yx}}{\partial x} - \dfrac{\partial p_{yy}}{\partial y} - \dfrac{\partial p_{yz}}{\partial z} - \dfrac{\partial b_y}{\partial l} \\[4pt] k_z = -\dfrac{\partial p_{zx}}{\partial x} - \dfrac{\partial p_{zy}}{\partial y} - \dfrac{\partial p_{zz}}{\partial z} - \dfrac{\partial b_z}{\partial l} \\[4pt] \lambda = -\dfrac{\partial s_x}{\partial x} - \dfrac{\partial s_y}{\partial y} - \dfrac{\partial s_z}{\partial z} - \dfrac{\partial \eta}{\partial l} \end{cases}$$

この最後の形に書き表わすならば,最初の3つの方程式は運動量の法則をのべていることがわかる.ここに p_{xx}, $p_{xy}, \cdots, p_{zz}$ は,電磁場におけるマックスウェルの応力であり,(b_x, b_y, b_z) は,この場における単位体積あたりの運動量ベクトルである.方程式(47b)の最後の式は,エネルギー則を表わしている.s はエネルギーの流れのベクトルであり,η は場の単位体積あたりのエネルギーである.実際(48)

から，場の強さの実の成分を代入することによって，電気力学においてよく知られたつぎの式

$$(48a)\begin{cases}
p_{xx} = -h_x h_x + \frac{1}{2}(h_x{}^2 + h_y{}^2 + h_z{}^2) - e_x e_x \\
\qquad + \frac{1}{2}(e_x{}^2 + e_y{}^2 + e_z{}^2) \\
p_{xy} = -h_x h_y - e_x e_y \\
p_{xz} = -h_x h_z - e_x e_z \\
p_{yx} = -h_y h_x - e_y e_x \\
p_{yy} = -h_y h_y + \frac{1}{2}(h_x{}^2 + h_y{}^2 + h_z{}^2) - e_y e_y \\
\qquad + \frac{1}{2}(e_x{}^2 + e_y{}^2 + e_z{}^2) \\
p_{yz} = -h_y h_z - e_y e_z \\
p_{zx} = -h_z h_x - e_z e_x \\
p_{zy} = -h_z h_y - e_z e_y \\
p_{zz} = -h_z h_z + \frac{1}{2}(h_x{}^2 + h_y{}^2 + h_z{}^2) - e_z e_z \\
\qquad + \frac{1}{2}(e_x{}^2 + e_y{}^2 + e_z{}^2) \\
b_x = s_x = e_y h_z - e_z h_y \\
b_y = s_y = e_z h_x - e_x h_z \\
b_z = s_z = e_x h_y - e_y h_x \\
\eta = +\frac{1}{2}(e_x{}^2 + e_y{}^2 + e_z{}^2 + h_x{}^2 + h_y{}^2 + h_z{}^2)
\end{cases}$$

を得る．(48)から，電磁場のエネルギー・テンソルは対称であることに注意する．運動量密度とエネルギーの流れとが互いに等しいという事実(エネルギーと慣性の同等性)はこれ

に関係がある．

したがって，これらの考察から，エネルギー密度は，テンソルの性格をもつことを結論する．これは，電磁場に対してのみ直接証明されているのであるが，これが一般に成立することを要求する．電荷と電流の分布が知られている場合には，マックスウェルの方程式は電磁場を決定する．しかしながら，われわれは電流と電荷を支配する法則を知らない．実際，電気が素粒子(電子，陽電子)から成っていることは知っているが，これを理論的立場から理解することはできない．われわれは，一定の大きさと電荷をもった粒子のなかの電気の分布を決定するエネルギー因子を知らない．そしてこの方向に理論を完成しようとする試みはすべて失敗に終わっている．したがって，たとえ一般にマックスウェルの方程式を基礎にとるとしても，電磁場のエネルギー・テンソルは，荷電粒子の外部で知られているだけである*．荷電された粒子の外部の領域においては，すなわちエネルギー・テンソルに対して完全な表現をもっていると信じられるような領域においては，(47)によって

(47c) $$\frac{\partial T_{jk}}{\partial x_k} = 0$$

---

* 荷電粒子を固有な特異点と考えることによって，この知識の欠如を補おうということが試みられた．しかしながら私の考えによれば，これは物質の構造の真の理解を断念することを意味する．単に外見的な解決で満足するよりはむしろ，現在のわれわれの無力を認める方が勝っていると思われる．

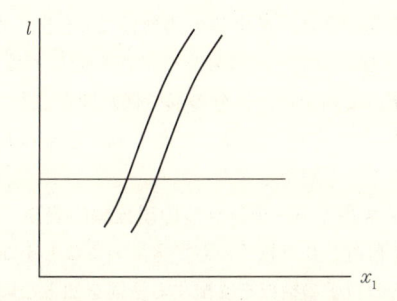

図3 物質のエネルギー・テンソルの現象論的表現

となる.

保存則に対する一般式 その他すべての場合にも,エネルギーの空間分布は対称テンソル T_{jk} で与えられ,この全エネルギー・テンソルは,どこでも関係式(47c)を満足していると仮定せざるをえない.いずれにしても,この仮定を用いることによって,エネルギーの積分原理に対する正しい表現の得られることを示そう.

空間的に限られた,閉じた体系を考えて,これは4次元的には1つの帯として表わされ,その外では T_{jk} は0になると考えよう(図3).そして方程式(47c)を1つの空間的断面の上で積分しよう.T_{jk} は積分限界上で0となるから,$\dfrac{\partial T_{j1}}{\partial x_1}, \dfrac{\partial T_{j2}}{\partial x_2}, \dfrac{\partial T_{j3}}{\partial x_3}$ の積分は0となる.したがって,

$$(49) \quad \frac{\partial}{\partial l}\left\{\int T_{j4} dx_1 dx_2 dx_3\right\} = 0$$

を得る．括弧の中は，系全体の運動量に i を掛けたものと，この体系のエネルギーに負号をつけたものに対する式である．したがって(49)は，積分の形で保存則を表わしている．これがエネルギーの正しい概念と保存則を与えるものであることは，つぎの考察からもみられる．

物質のエネルギー・テンソルの現象論的表現 われわれは，物質が荷電された粒子からできていることを知っているが，これらの粒子の構成を支配する法則を知らない．したがって，力学的問題を取り扱う場合には，従来の古典力学のそれに対応する，物質の不精確な記述を利用せざるをえない．このような記述の基礎となるのが物質の密度 σ と流体力学的圧力という基本的な概念なのである．

σ_0 を，物質と共に運動する座標系に関して評価された，1点における物質の密度とする．そうすれば，静止の密度 σ_0 は1つの不変量である．任意の運動をしている物質を考えて，その圧力を無視すれば，（粒子の大きさと温度を無視した真空中の塵（ちり）の粒子）エネルギー・テンソルは速度の成分 u_k と σ_0 のみに関係する．われわれは T_{jk} のテンソル性を保証するために

(50) $$T_{jk} = \sigma_0 u_j u_k$$

とおく．ここに u_j は，3次元的に表わせば(41)で与えられる．事実(50)から，$q=0$ に対しては $T_{44}=-\sigma_0$（単位体積あたりのエネルギーに負号をつけたものに等しい）が得られる．

これは，質量とエネルギーの等価原理，および上に与えたエネルギー・テンソルの物理学的解釈によれば，当然である．もし物質に外力(4次元的力 K_j)が働けば，運動量とエネルギーの原理によって，方程式

$$K_j = \frac{\partial T_{jk}}{\partial x_k}$$

が成立しなければならない．この方程式が，すでに得られた物質粒子の運動法則と同一の法則を導くことを証明しよう．

物質が空間的には無限に小さな大きさをもっており，したがって4次元的には糸で表わされると考えよう．この場合，空間座標 x_1, x_2, x_3 に関して糸全体にわたって積分を行なえば，

$$\int K_1 dx_1 dx_2 dx_3 = \int \frac{\partial T_{14}}{\partial x_4} dx_1 dx_2 dx_3$$
$$= -i \frac{d}{dl} \left\{ \int \sigma_0 \frac{dx_1}{d\tau} \frac{dx_4}{d\tau} dx_1 dx_2 dx_3 \right\}$$

を得る．

さて，$\int dx_1 dx_2 dx_3 dx_4$ は1つの不変量である．したがってまた $\int \sigma_0 dx_1 dx_2 dx_3 dx_4$ もまた1つの不変量である．まず，われわれの選んだ慣性系に対してこの積分を計算し，つぎには，それに対して物質が速度0をもつような慣性系に関してこの積分を計算しよう．積分は，σ_0 がその全断面にわたって一定と見なされうるような糸の部分に沿ってとられるべきである．2つの慣性系に関する糸の空間的体積をそ

れぞれ dV および dV_0 とすれば,

$$\int \sigma_0 dV dl = \int \sigma_0 dV_0 d\tau$$

を,したがって

$$\int \sigma_0 dV = \int \sigma_0 dV_0 \frac{d\tau}{dl} = \int dm \, i \frac{d\tau}{dx_4}$$

を得る.

前に得てある積分の右辺にこの積分を代入し,$\frac{dx_1}{d\tau}$ を積分記号の外に出せば,われわれは

$$K_x = \frac{d}{dl}\left(m\frac{dx_1}{d\tau}\right) = \frac{d}{dl}\left(\frac{mq_x}{\sqrt{1-q^2}}\right)$$

を得る..したがって,拡張されたエネルギー・テンソルの概念は,われわれの以前の結果とよく合っているのがみられる.

完全流体に対するオイラーの方程式 実際の物質の性質により近づくためには,圧力に相当する項をエネルギー・テンソルにつけくわえなければならない.最も簡単な場合は,圧力が1つのスカラー p によって決定される完全流体の場合である.この場合には接線の方向の応力 p_{xy} などはいずれも 0 になるから,そのエネルギー・テンソルに対する影響は,$p\delta_{jk}$ の形でなければならない.したがって

(51) $$T_{jk} = \sigma u_j u_k + p\delta_{jk}$$

とおかなければならない.静止の状態では,物質の密度,ま

たは単位体積あたりのエネルギーは，σ ではなく $\sigma-p$ である．なぜなら

$$-T_{44} = -\sigma \frac{dx_4}{d\tau} \frac{dx_4}{d\tau} - p\delta_{44} = \sigma - p$$

であるからである．力が全然ない場合には，保存則は

$$\frac{\partial T_{jk}}{\partial x_k} = \sigma \frac{\partial u_j}{\partial x_k} u_k + u_j \frac{\partial(\sigma u_k)}{\partial x_k} + \frac{\partial p}{\partial x_j} = 0$$

となる．もしこの方程式に $u_j \left(= \dfrac{dx_j}{d\tau} \right)$ を掛けて，j に関して加え合わせれば，(40)を用いて

(52) $$-\frac{\partial(\sigma u_j)}{\partial x_j} + \frac{dp}{d\tau} = 0$$

を得る．ただしここに $\dfrac{\partial p}{\partial x_j} \dfrac{dx_j}{d\tau} = \dfrac{dp}{d\tau}$ とおいた．これは連続の方程式であるが，古典力学のそれとは $\dfrac{dp}{d\tau}$ なる項が異なるのみである．しかしこれは実際には非常に小さい．(52)に注意すれば，保存則は

(53) $$\sigma \frac{du_j}{d\tau} + u_j \frac{dp}{d\tau} + \frac{\partial p}{\partial x_j} = 0$$

なる形をとる．最初の3つの添え字に対しては，この方程式は明らかにオイラー(L. Euler)の方程式に対応する†．

---

† $dp/d\tau$ の項は無視する．$du_j/d\tau$ をいわゆるラグランジュ的な微分とみれば

$$\frac{du_j}{d\tau} = \frac{\partial u_j}{\partial \tau} + u_k \frac{\partial u_j}{\partial x_k}$$

方程式(52)および(53)が, 第一近似の範囲内では, 古典力学の流体力学の方程式に対応するということは, 一般エネルギー則を, さらに確かにするものである. 物質およびエネルギーの密度は, 対称テンソルの性格をもっている.

となり, (53)はオイラーの方程式になる.

一般相対性理論

　以上の考察はすべて，あらゆる慣性系は物理現象の記述に関して同等であり，そして自然法則の定式化には，それと異なった運動状態にある基準系よりは好ましいという仮定に立っていた．

　しかし，知覚しうる物体または運動の概念に対するいままでの考察によれば，ある特定の運動状態を他のすべての運動状態から区別する理由は1つも考えられない．むしろ反対に，それは時空連続体の1つの独立な性質と見なされなければならない．とくに慣性の法則は，時空連続体に対して物理学的に客観的な性質を与えることをわれわれに強いるように思われる．ニュートンの見地からは"時間は絶対的である"，"空間は絶対的である"という2つの言明をすることが必要であったのと同様に，特殊相対性理論の見地からは，"時空連続体は絶対的である"といわなければならない．この後者の言明において"絶対的"という言葉は，"物理学的に実在する"ということを意味するばかりでなく，"その物理的な性質においては独自なものであり，物理的な効果はもち得るが，それ自身物理的条件によっては影響されない"ことをも意味している．

慣性の法則が物理学の基盤と考えられている限りは，確かにこの見地は正当化し得る唯一のものであろう．しかしながらここに，この普通の概念に対する2つの重要な批判がある．まず第一に，それ自身は作用するが，作用されることのない物(時空連続体)を考えようとするのは，科学における物の考え方に反する．これこそ，E. マッハ(E. Mach)をして，作用するもの(active cause)としての空間を力学の体系から消去しようと試みさせた理由である．彼によれば，質点は，空間に対してではなく宇宙にある他のすべての質量の重心に対して加速度なしの運動をするのである．こうして，力学現象における因果の鎖は，ニュートンおよびガリレイの力学とはちがって，閉じたものとなるのである．この考えを，近接作用を旨とする現代の理論の枠内で発展させるためには，慣性を定める時空連続体の性質を，電磁場に類似な，空間の場の性質と見なさなければならない．古典力学の概念は，これを表現する何らの方法も与えない．この理由から，解決をめざすマッハの試みは当時失敗に終わってしまったのであった．われわれは後にこの点に立ち戻ろう．

第二は，古典力学は1つの制限を示しているが，これは直接には，互いに一様運動をしていない基準空間に対して相対性原理を拡張することを要求する．2つの物体の質量の比は，力学においては根本的に異なる2つの方法を用いて定義される．第一の方法では，同一の力がそれに与える加速度の逆数の比として定義される(慣性質量)．そして第二の方

法では，同一の重力場内でそれらに働く力の比として定義される(重力質量). これほど違った方法で定義されたこれら2つの質量が一致するということは，非常に精度の高い実験(エートベッシュ(L. Eötvös)の実験)によって確認された事実なのであるが，古典力学はこの同等性に対して何らの説明をも与えない. しかしながら，この数値的同等性が，これら2つの概念の真の性質の同等性に帰着させられたときにはじめて，このような数値的同等性を与える科学が正しいとされることも明らかである.

この目的が，実際相対性原理の1つの拡張によって達せられるということは，以下の考察からわかる. 少し熟考すれば，慣性質量と重力質量の同等性の法則は，重力場によって物体に与えられる加速度が，その物体の性質に無関係であるという主張と同じものであることを示している. なぜなら，重力場におけるニュートンの運動方程式を全部書き下せば，

(慣性質量)・(加速度) ＝ (重力場の強さ)・(重力質量)

である. したがって，加速度が物体の性質に無関係になるのは，慣性質量と重力質量との間に数値的同等性が成り立つときのみである. さて，K を1つの慣性系としよう. そうすれば，互いに，また他の物体から十分遠く離れている質量は，K から見ては加速度を受けない. また，これらの質量を，座標系 K に対して一様に加速されている K' を用いて記述することもできる. K' に関しては，これらすべての

質量は，相等しくかつ平行な加速度をもっている．したがってこれらの質量は，K' に関しては，あたかもそこに1つの重力場があり，K' は加速されていないかのように振舞う．のちに考えることとするが，さしあたり，このような重力場の"原因"という問題を無視すれば，この重力場を実在のものと考えることをさまたげるものは何もない．すなわち，K' が"静止"していて，そこに重力場が存在するとする概念と，K こそ"許容されるべき"座標系であって，そこには重力場がないとする概念とは同じものであると見なすことができる．座標系 K と K' とが物理的に完全に同等であるとする仮定は，"等価原理"と呼ばれる．この原理は，明らかに慣性質量と重力質量の間の同等性の法則と密接な関係にあり，相対性原理の，互いに一様な運動をしていない座標系に関する1つの拡張を意味している．事実われわれは，この概念を通してはじめて，慣性と重力の性質の統一に達し得るのである．なぜなら，この考え方によれば，同一の質量が，（K に関しては）慣性のみの作用のもとに現われ，（K' に関しては）慣性と重力の作用を組み合わせた作用のもとに現われるからである．慣性と重力の数値的同等性を，それらの性質の統一によって説明し得るという可能性は，私の信ずるところによれば，一般相対性理論に，古典力学の概念に勝る優位を与え，それの出会う困難は，この進歩に比較すれば，比較的小さなものと考えられるに違いない．

　他のすべての座標系よりもとくに慣性系を選ぶというこ

と，慣性の原理に基づいた実験によってこれほどしっかり樹立されたと思われるこの選択をやめてしまうということの妥当性を，何がわれわれに保証してくれるであろうか．慣性の法則の弱点は，それが1つの循環論法を含むところにある．質量は，それが他の物体と十分遠く離れているときには，加速度のない運動をする．しかしわれわれは，それが加速度のない運動をするという事実によってのみ，その物体が他の物体から十分遠く離れていることを知るのである．一般に，時空連続体の相当大きな部分，または全宇宙に対する慣性系が存在するであろうか．太陽および惑星による摂動を無視するならば，慣性の原理は非常に高い近似度をもってわれわれの太陽系に対しては樹立されたと考えられる．さらに正確にいえば，適当に選ばれた基準空間に対して質点が自由に加速度なしで運動するような，そして上に展開した特殊相対性理論の諸法則がかなりの正確さをもって成立するような，一定の領域が存在する．このような領域を，"ガリレイ領域"と呼ぼう．既知の性質の1つの特別な場合として，このような領域の考察から始めよう．

等価原理の要求するところによれば，ガリレイ領域を取り扱う場合，非慣性系，すなわち，慣性系に対して加速度をもち，あるいは回転している座標系をも同様に利用できるはずである．さらに，もしある種の座標系を特に選ぶ客観的理由やいかにという難問をも一気に解決しようとするならば，まったく任意に運動している座標系の使用をも許さなければ

ならない．この試みをまじめに行なおうとすれば，すぐに，特殊相対性理論に導いたところの，空間と時間の物理的解釈と衝突してしまう．理由はつぎの通りである．K' を，その z' 軸が K の z 軸と一致し，しかもその周りに一定の角速度で回転している1つの座標系とする．K' に対して静止している剛体の配位は，ユークリッド幾何学の法則と合致しているであろうか．K' は慣性系ではないのであるから，われわれは直接には，K' に対する剛体の配位法則も，その性質に関する法則も一般には知らない．しかしながら，その慣性系 K に対する性質は知ることができる．したがって K' に対するそれらの形を推量することはできる．原点を中心として K' の x'-y' 平面内に描かれた1つの円と，この円の直径とを考えよう．そしてさらに，いずれも同じ長さの多数の剛体の棒が与えられていると考えよう．これらの棒が，K' に対して静止しているように円周および直径に沿って一列に並べられたと考える．U を円周に沿っておかれたこれらの棒の数，D を直径に沿っておかれたこれらの棒の数とすれば，もし K' が K に対して回転していない場合には

$$\frac{U}{D} = \pi$$

を得るはずである．しかしながら，もし K' が回転していれば，異なった結果を得る．K のある定まった時刻 t に，すべての棒の端を定めるものと考えよう．そうすると K に対しては，円周上の棒はすべてローレンツ収縮を受ける．しか

し直径上の棒は，(その長さに沿っては！)この収縮を受けない*．したがって

$$\frac{U}{D} < \pi$$

となる．

したがって，K' に対する剛体の配位の法則は，ユークリッド幾何学に従う剛体の配位の法則と一致しないことがわかる．さらにもし(K' と共に回転する)同じ構造の時計を，1つはその円周上に，他はその中心においたとすれば，K からみて，円周上の時計は，中心にある時計よりもゆっくり進む．もし K' に対して，時間をまったく不自然な(すなわち，K' から見た法則が陽に時間に依るような)仕方で定義しない限り，K' からみて同じことが起こるに違いない．したがって K' に対しては，空間と時間は，特殊相対性理論において慣性系に対して定義されたようには定義され得ない．しかしながら，等価原理によれば，K' もまた，それに対しては1つの重力場(遠心力の場とコリオリの力)の存在する，静止系と考えなければならない．したがって次の結果に到達する．すなわち，重力場は，時空連続体の計量的法則に影響を及ぼし，しかもこれを決定しさえする．もし上記の理想剛体の配位を幾何学的にいい表わすならば，重力場が存在する

---

* これらの考察は，棒と時計の行動が速度のみに関して加速度に関係しない，または，少なくとも加速度の影響は速度の影響を減らさないことを仮定している．

ときには，幾何学はユークリッド的ではないということになる．

われわれの考えてきた状況は，曲面を(3次元空間に置いて考えるのではなく)2次元として扱う場合とよく似ている．後者の場合には，1つの曲面(たとえば楕円面)の上に，簡単な計量的意味をもった座標を導入することはできない．これに対し，平面上では，デカルト座標 x_1, x_2 は，直接，単位の長さの物指しで測った長さを意味している．ガウス(C. F. Gauss)は，その曲面論において，曲線座標を導入することによってこの困難を克服した．この曲線座標は，連続の条件を満足することを別にすれば，まったく任意であって，後になってはじめてこれらの座標は曲面の計量的性質に結びつけられるのである．これと同様な方法によって，一般相対性理論においては，任意の座標 x^1, x^2, x^3, x^4 を導入する[*]．これらは，時空の点を一義的に指定するものであって，近い事象には座標の近い数値が対応する．それ以外は，座標の選び方はまったく任意である．法則に対して，このようなすべての4次元座標系に関して成立するような形式を与えるなら，すなわち，法則を表わす方程式が任意の変換に対して共

---

[*] 原著には x_1, x_2, x_3, x_4 となっているが，最近は一般相対論では x^1, x^2, x^3, x^4 と書くのが普通であり，現にこの書物の付録でも x^1, x^2, x^3, x^4 という記号が用いられているから，記号の統一上，新しい記号に直しておいた．もちろん x^1, x^2, x^3, x^4 は x の1乗，2乗，3乗，4乗を表わすものではなく，1番目の x，2番目の x，3番目の x，4番目の x を意味するものである．(訳者)

変的であるなら，これは，最も広い意味での相対性原理に忠実であることになる．

ガウスの曲面論と一般相対性理論との間の最も重要な共通点は，両理論が主としてその基礎をおく概念が計量的性質にあるという点である．曲面論の場合には，ガウスの論法はつぎの通りである．平面幾何学は，無限に近い 2 点間の距離 ds という概念の上に建設しうる．この距離という概念は物理学的に意味がある．なぜなら距離は，剛体の物指しを用いて直接に測り得るからである．デカルト座標系を適当に選ぶことによって，この距離は公式 $ds^2=(dx^1)^2+(dx^2)^2$ で表わすことができる．この量をもとにして，その上にユークリッド平面幾何学が築かれている，測地線（$\delta \int ds=0$ なる曲線）としての直線，間隔，円，角等の概念をたてることができる．曲面の無限に小さな一部分は，無限小の量の範囲内では平面と見なせることに注意すれば，他の連続的な曲面上にも 1 つの幾何学を建設することができる．曲面のこのような小部分の上にはデカルト座標 X_1, X_2 が存在し，物指しで測った 2 点間の距離は

$$ds^2 = (dX_1)^2+(dX_2)^2$$

で与えられる．もし曲面上へ任意の曲線座標 x^1, x^2 を導入すれば，dX_1, dX_2 は dx^1, dx^2 の 1 次式として表わされる．したがって曲面上のすべての点で

$$ds^2 = g_{11}(dx^1)^2 + 2g_{12}dx^1 dx^2 + g_{22}(dx^2)^2$$

を得る．ただしここに g_{11}, g_{12}, g_{22} は曲面の性質と座標の選び方によって定まるものである．もしこれらの量が知られていれば，剛体の棒の格子がどのように曲面上におかれているかも知られていることになる．言葉をかえていえば，曲面の幾何学は，ds^2 に対するこの式の上に——ちょうど平面幾何学がそれに対応する式の上に築かれ得るのと同様に——築かれ得るのである．

物理学における4次元時空連続体のなかにもこれと類似な関係が存在する．重力場の中でも自由落下している観測者の直近には重力場は存在しない．したがって，時空連続体の無限に小さな一部分を，いつでもガリレイ領域と見なすことができる．このような無限に小さな領域に対しては，(空間座標 X_1, X_2, X_3 と時間座標 X_4 をもった)1つの慣性系が存在する．そしてこれに関しては，特殊相対性理論が成立すると見なすこととする．したがって，われわれが物指しと時計を用いて直接測るところの量

$$(dX_1)^2 + (dX_2)^2 + (dX_3)^2 - (dX_4)^2$$

またはその符号をかえた

(54)　$ds^2 = -(dX_1)^2 - (dX_2)^2 - (dX_3)^2 + (dX_4)^2$

は，2つの近い事象(4次元連続体中の点)に対して一意的に

決定される1つの不変量である.ただし,同じところへもってきて重ねれば互いに相等しい物指しと,同じところへもってくればその進みが一致するような時計とを用いるものとする.この場合,2つの物指しの相対的長さと2つの時計の相対的進みとは,原則的にその過去の経歴に無関係であるという物理的仮定は重要である.そして,この仮定は実験によって正しく確かめられている.もし,これが成立しなかったら,同じ元素の個々の原子は同じ経歴をもってはいないのだから,はっきりしたスペクトル線は存在しないはずである.ところが,実際には同一のはっきりしたスペクトル線を発するのである.

有限の拡がりをもった時空の領域は,一般にガリレイ領域ではないから,有限の領域に対しては,座標系を適当にとることによって重力場を消し去ることは不可能である.したがって,特殊相対性理論の計量が有限の領域に対して成立するように座標系を選ぶことはできない.しかしながら,不変量 ds は,連続体の2つの近い点(事象)に対してつねに存在する.この不変量 ds は,任意の座標系において表現できる.局所的な dX_k は,座標の微分 dx^i を用いて1次に表わせることに注意すれば, ds^2 は

(55) $$ds^2 = g_{jk}dx^j dx^k$$

なる形に表わすことができる.

関数 g_{jk} は,任意に選ばれた座標系に関して,時空連続

体の計量関係および重力場を表わすものである．特殊相対性理論の場合と同様に，時空連続体中の時間的線素と空間的線素とを区別しなければならない．前に導入した符号のつけかえによって，時間的線素は実の，空間的線素は虚の ds をもっている．時間的 ds は，適当に選ばれた時計を用いて直接測定することができる．

以上述べたところによれば，一般相対性理論の定式化には，不変式論とテンソル理論の拡張が必要であることは明らかである．任意の点変換に対して共変な方程式の形はいかなるものであるかという問題がここに起こる．一般テンソル解析学は，相対性理論よりもはるか前に数学者たちによって発展させられていた．まずリーマン(B. Riemann)が，ガウスの一連の考えを任意次元の連続体に拡張した．彼は，予言者的な目をもって，このユークリッド幾何学の拡張の物理的な意味を見通していたのである．それに続いて，この理論は，テンソル解析学の形で，主としてリッチ(G. Ricci)およびレビ-チビタ(T. Levi-Civita)によって発展させられた．ここで，このテンソル解析学の，最も重要な数学的概念および演算を簡単に紹介しよう．

あらゆる座標系に関して，x^i の関数として定義された4つの量が，もし座標系の変換に際して座標の微分 dx^i と同様に変換するならば，これらを1つの反変ベクトルの成分 A^i であるという．したがって

(56) $$A'^i = \frac{\partial x'^i}{\partial x^a} A^a$$

を得る.これらの反変ベクトルのほかに,共変ベクトルがある.共変量の添え字は下ツキにする約束をする.ds^2 を (55) の形に書いたのは $g_{\mu\nu}$ が共変テンソルだからである (p.93).もし B_j を1つの共変ベクトルの成分とすれば,それらは

(57) $$B'_j = \frac{\partial x^b}{\partial x'^j} B_b$$

なる規則にしたがって変換される.共変ベクトルは,1つの共変ベクトルと1つの反変ベクトルとが,

$$\phi = B_a A^a \quad (a に関して和をとる)$$

なる規則にしたがって1つのスカラーを形成するように定義されている.なぜなら

$$B'_j A'^j = \frac{\partial x^b}{\partial x'^j} \frac{\partial x'^j}{\partial x^a} B_b A^a = B_b A^b$$

であるからである.とくに,1つのスカラー ϕ の微分 $\frac{\partial \phi}{\partial x^i}$ は,1つの共変ベクトルの成分であって,座標の微分 dx^i と一緒にすれば1つのスカラー $\frac{\partial \phi}{\partial x^i} dx^i$ を作る.この例から,共変ベクトルの定義がいかに自然であるかがわかる.

この場合にもまた,その各添え字に関して共変性と反変性をもった,任意の階数のテンソルが存在する.ベクトルの場合と同様,その共変,反変性は,添え字の位置によって

これを示すこととする．たとえば A^i_j は，添え字 j に関して共変，添え字 i に関して反変な 2 階のテンソルを表わしている．このテンソル性は，変換の方程式が

(58) $$A'^i_j = \frac{\partial x'^i}{\partial x^a} \frac{\partial x^b}{\partial x'^j} A^a_b$$

であることを示している．

1 次直交変換に対する不変式論の場合と同様，同じ階数，同じ性格のテンソルから，加法および減法によって新しいテンソルを作ることができる．たとえば，

(59) $$A^i_j + B^i_j = C^i_j$$

である．C^i_j のテンソル性の証明は(58)にもとづいて行なわれる．

添え字の性格さえ変えなければ，1 次直交変換の不変式論におけると同様，掛け算によって新しいテンソルを作ることができる．たとえば，

(60) $$A^i_j B_{kl} = C^i_{jkl}$$

である．この証明は，変換の法則から直接得られる．

相異なる性格の 2 つの添え字に関して縮約を行なうことによって，新しいテンソルが得られる．たとえば，

(61) $$A^i_{ikl} = B_{kl}$$

である．A^i_{ikl} のテンソル性は B_{kl} のテンソル性を決定する．

証明は次の通りである.

$$A'^{i}_{ikl} = \frac{\partial x'^i}{\partial x^a}\frac{\partial x^b}{\partial x'^i}\frac{\partial x^c}{\partial x'^k}\frac{\partial x^d}{\partial x'^l}A^a_{bcd} = \frac{\partial x^c}{\partial x'^k}\frac{\partial x^d}{\partial x'^l}A^a_{acd}$$

テンソルの,同じ性格の2つの添え字に関する対称性および交代性は,特殊相対性理論におけると同じく意味をもっている.

以上で,テンソルの代数的性質に関する重要なことはすべて述べた.

基本テンソル dx^i を任意に選んだときに ds^2 が不変であるということと,(55)と矛盾しない対称の条件 $g_{jk}=g_{kj}$ とから,g_{jk} は対称な共変テンソルの成分であることがわかる(基本テンソル).g_{jk} から,その行列式 g を作り,種々の g_{jk} に対応する余因子を g で割ったものを考えよう.これらの余因子を g で割ったものを g^{jk} で表わす.しかしその反変性はまだ知られていない.さて,

(62) $\quad g_{jk}g^{ki} = \delta^i_j = \begin{cases} 1 & (i=j\text{ のとき}) \\ 0 & (i\neq j\text{ のとき}) \end{cases}$

を得る.

もし無限に小さな量(共変ベクトル)

(63) $\qquad\qquad d\xi_j = g_{jk}dx^k$

を作り,この式に g^{ij} をかけて j に関して加え合わせれば,(62)を用いて

(64) $$dx^i = g^{ij}d\xi_j$$

を得る．$d\xi_j$ の比は任意であり，しかも dx^i も $d\xi_j$ も同じくベクトルの成分であるから，これから g^{ij} は1つの反変テンソル(反変基本テンソル)であることがわかる*．したがって，(62)によって δ^i_j のテンソル性が導かれる(混合基本テンソル)．基本テンソルを用いるならば，共変添字をもったテンソルの代りに反変添字をもったテンソルを導入し，反変添字をもったテンソルの代りに共変添字をもったテンソルを導入することができる．たとえば

$$A^i = g^{ij}A_j$$
$$A_j = g_{jk}A^k$$
$$T^i_k = g^{ij}T_{jk}$$

のようにである．

体積不変量 体積要素

$$dx^1 dx^2 dx^3 dx^4 \equiv dx$$

---

* (64)に $\dfrac{\partial x'^h}{\partial x^i}$ を掛けて i に関して加え合わせ，$d\xi_j$ をダッシュをつけた座標系へ移したものでおきかえれば，
$$dx'^h = \frac{\partial x'^h}{\partial x^i}\frac{\partial x'^h}{\partial x^j}g^{ij}d\xi'_k$$
を得る．上述の事柄はこれから得られる．なぜなら(64)から $dx'^h = g'^{hk}d\xi'_k$ でなければならないが，これら2つの方程式は $d\xi'_k$ の任意の選び方に対して成立しなければならないからである．

は不変量ではない．なぜなら，ヤコビの定理によって

(65) $$dx' = \left|\frac{\partial x'^i}{\partial x^a}\right| dx$$

であるからである．しかしながらわれわれは，dx が不変量となるようにこれを補正することができる．もし量

$$g'_{jk} = \frac{\partial x^b}{\partial x'^j}\frac{\partial x^c}{\partial x'^k} g_{bc}$$

の行列式を作れば，行列式の掛け算の定理を二度応用することによって

$$g' = |g'_{jk}| = \left|\frac{\partial x^b}{\partial x'^j}\right|^2 |g_{bc}| = \left|\frac{\partial x'^i}{\partial x^a}\right|^{-2} g$$

を得る．したがって不変量

(66) $$\sqrt{g'}dx' = \sqrt{g}dx$$

を得る．

微分によるテンソルの構成 テンソル構成の代数的演算は，1次直交変換に関する不変量という特別な場合と同様簡単であることがわかったが，一般の場合には，不変的な微分演算は不幸にも相当複雑である．その理由はつぎの通りである．もし A^i を1つの反変ベクトルとするとき，その変換の係数 $\dfrac{\partial x'^i}{\partial x^a}$ は，変換が1次変換であるとき，およびそのときにのみ位置に無関係である．変換が1次変換である場合

には，近い点におけるベクトルの成分 $A^i + \dfrac{\partial A^i}{\partial x^k} dx^k$ は A^i と同様の変換を受ける．これから，ベクトルの微分のベクトル性，したがって $\dfrac{\partial A^i}{\partial x^k}$ のテンソル性が導かれる．しかしながらもし $\dfrac{\partial x'^i}{\partial x^a}$ が変数であると，このことはもはや成立しない．

ところで，一般の場合にも，テンソルに対する不変な微分演算が存在するということは，レビ-チビタおよびワイル(H. Weyl)によって導入された次の方法によって十分認められる．A^i を，その成分が x^i なる座標系に関して与えられた反変ベクトルとする．P_1 および P_2 を，連続体の無限に近い2点とする．点 P_1 を取り巻く無限に小さな領域に対しては，われわれの考え方によれば，連続体をユークリッド的とするような X_j なる（虚の X_4 座標をもった）座標系が存在する．$A^i_{(1)}$ を，点 P_1 におけるこのベクトルの成分とする．この X_j なる局所座標系を用いて，前と同じ成分をもったベクトル（P_2 を通る平行ベクトル）を点 P_2 から引いたと考えよう．そうすれば，この平行ベクトルは，点 P_1 におけるベクトルと，この移動とによって決定される．この操作を，ベクトル A^i の点 P_1 からこれに無限に近い点 P_2 への平行移動とよぶ．その一意性は以下に現われる．点 P_1 におけるベクトル A^i と，点 P_1 から平行移動によって点 P_2 に移されたベクトルとの差を作るならば，1つのベクトルを得るが，これは，ベクトル A^i の与えられた移動 dx^i に関する微分と

見なせる.

このベクトルの移動は,もちろん,座標系 x^i においても考えられる.A^i を点 P_1 におけるベクトルの成分,$A^i+\delta A^i$ を,間隔 dx^i に沿って点 P_2 へ移されたベクトルの成分とすれば,この場合 δA^i は 0 にはならない.ベクトル性をもたないこれらの量に関してわれわれは,それらが dx^i と A^i に斉一次に関係しなければならないことを知っている.したがって

(67) $$\delta A^i = -\Gamma^i_{jk} A^j dx^k$$

とおく.

さらに,Γ^i_{jk} は下の 2 つの添え字 j および k に関して対称でなければならない.なぜなら,その局所ユークリッド座標系を用いての表わし方から,線素 $d^{(1)}x^i$ を第二の線素 $d^{(2)}x^i$ に沿って移動させた場合と,線素 $d^{(2)}x^i$ を線素 $d^{(1)}x^i$ に沿って移動させた場合とでは,同一の平行 4 辺形が描かれると仮定することができるからである.したがって

$$d^{(2)}x^i + (d^{(1)}x^i - \Gamma^i_{jk} d^{(1)}x^j d^{(2)}x^k)$$
$$= d^{(1)}x^i + (d^{(2)}x^i - \Gamma^i_{jk} d^{(2)}x^j d^{(1)}x^k)$$

でなければならない.上に述べた Γ^i_{jk} の対称性は,右辺における添え字 j と k を交換することによってこの式から得られる.

量 g_{jk} は連続体のあらゆる計量的性質を決定するから,

これらは Γ^i_{jk} をも決定するはずである．もしベクトル A^i の不変量，すなわち不変量であるところのその長さの平方

$$g_{jk}A^j A^k$$

を考えるならば，これは平行移動で変わってはならない．したがって

$$0 = \delta(g_{jk}A^j A^k)$$
$$= \frac{\partial g_{jk}}{\partial x^l}A^j A^k dx^l + g_{jk}\delta A^j A^k + g_{jk}A^j \delta A^k$$

または(67)によって

$$\left(\frac{\partial g_{jk}}{\partial x^l} - g_{ja}\Gamma^a_{kl} - g_{ka}\Gamma^a_{jl}\right) A^j A^k dx^l = 0$$

を得る．

括弧の中の式が添え字 j と k に関して対称であるということから，この方程式がベクトル A^i と dx^i の任意の選び方に対して0となるのは，括弧のなかの式が添え字のあらゆる組合せに対してすべて0になるときに限る．添え字 j, k, l を循環の順序に入れかえることによって全部で3つの方程式を得るが，これから Γ^i_{jk} の対称性を考慮に入れて

(68) $$[jk, a] = g_{ab}\Gamma^b_{jk}$$

を得る*. ただしここに, クリストッフェル(E. B. Christoffel)にしたがって,

(69) $$[jk, a] = \frac{1}{2}\left(\frac{\partial g_{ja}}{\partial x^k} + \frac{\partial g_{ka}}{\partial x^j} - \frac{\partial g_{jk}}{\partial x^a}\right)$$

なる略記号を用いた. これをクリストッフェルの第一種の記号という.

(68)に g^{ai} を乗じて a に関して加え合わせれば,

(70)

$$\Gamma^i_{jk} = \frac{1}{2}g^{ia}\left(\frac{\partial g_{ja}}{\partial x^k} + \frac{\partial g_{ka}}{\partial x^j} - \frac{\partial g_{jk}}{\partial x^a}\right) = \begin{Bmatrix} i \\ jk \end{Bmatrix}$$

を得る**. ただしここに $\begin{Bmatrix} i \\ jk \end{Bmatrix}$ はクリストッフェルの第二種の記号である. このように量 Γ^i_{jk} は g_{jk} から導かれる. 方程式(69)と(70)は, 以下の議論の基礎となるものである.

テンソルの共変微分 $A^i + \delta A^i$ を, P_1 から P_2 への無限小平行移動によって得られたベクトル, $A^i + dA^i$ を点 P_2 におけるベクトル A^i とすれば, これらの差

---

*, ** 原著では $[jk, a]$ は $\begin{Bmatrix} jk \\ a \end{Bmatrix}$, $\begin{Bmatrix} i \\ jk \end{Bmatrix}$ は $\begin{Bmatrix} jk \\ i \end{Bmatrix}$ となっている. これらは, それぞれクリストッフェルの第一種, 第二種の記号とよばれるものであるが, 現在では $[jk, a]$, $\begin{Bmatrix} i \\ jk \end{Bmatrix}$ の形にかかれるのがふつうである. (訳者)

$$dA^i - \delta A^i = \left(\frac{\partial A^i}{\partial x^k} + \Gamma^i_{jk} A^j\right) dx^k$$

もまた1つのベクトルである．このことは，dx^k をいかに選んでも成立するのであるから，

(71) $$A^i_{;k} = \frac{\partial A^i}{\partial x^k} + \Gamma^i_{jk} A^j$$

は1つのテンソルである．これを1階のテンソル（ベクトル）の共変微分とよび左辺のように書く．このテンソルを縮約すれば，反変ベクトル A^i の発散を得る．(70)によれば

(72) $$\Gamma^a_{ja} = \frac{1}{2} g^{ab} \frac{\partial g_{ab}}{\partial x^j} = \frac{1}{\sqrt{g}} \frac{\partial \sqrt{g}}{\partial x^j}$$

であることに注意すべきである．さらに

(73) $$A^i \sqrt{g} = \mathfrak{V}^i$$

とおけば，これらはワイルによって，1階の反変テンソル密度*と呼ばれた量であるが，これから

(74) $$\mathfrak{V} = \frac{\partial \mathfrak{V}^i}{\partial x^i}$$

は1つのスカラー密度であることがわかる．

平行移動は，スカラー

---

* このいい方は，$A^i \sqrt{g} dx = \mathfrak{V}^i dx$ がテンソル性をもつ点からみて正当である．すべてのテンソルは，$\sqrt{g}$ を乗ずればテンソル密度に変わる．テンソル密度を表わすには，ドイツ文字を用いることにする．

$$\phi = A^i B_i$$

が不変であるように働く.したがって

$$A^i \delta B_i + B_i \delta A^i$$

は,A^i にいかなる値を与えても 0 になると約束すれば,共変ベクトルに対する平行移動の法則が得られる.したがって,次の式

(75) $$\delta B_j = \Gamma^i_{jk} B_i dx^k$$

を得る.

これから,(71)を得たのと同じ方法によって,共変ベクトルの共変微分

(76) $$B_{k;j} = \frac{\partial B_j}{\partial x^k} - \Gamma^i_{jk} B_i dx^k$$

に達する.添え字 j と k を交換して辺々引くことによって,交代テンソル

(77) $$\phi_{jk} = \frac{\partial B_j}{\partial x^k} - \frac{\partial B_k}{\partial x^j}$$

を得る.

2階およびそれ以上の階数のテンソルの共変微分に関しては,(75)を得たのと同じ操作をあてはめることができる.たとえば A_{jk} を2階の共変テンソルとしよう.そうすれば,もし E および F がベクトルであれば,$A_{jk} E^j F^k$ は1つの

スカラーである．この式は，δ 移動によって不変でなければならない．このことを公式に表わして，(67)を用いれば δA_{jk} が得られる．したがって望む共変微分

(78) $\quad A_{jk;l} = \dfrac{\partial A_{jk}}{\partial x^l} - \Gamma_{jl}^{a} A_{ak} - \Gamma_{kl}^{a} A_{ja}$

を得る．

テンソルの共変微分の一般法則が明瞭に見られるようにするために，同様な方法によって得られた2つの共変微分を書き下そう．

(79) $\quad A_{j\;;k}^{i} = \dfrac{\partial A_{j}^{i}}{\partial x^k} + \Gamma_{ak}^{i} A_{j}^{a} - \Gamma_{jk}^{a} A_{a}^{i}$

(80) $\quad A^{ij}{}_{;k} = \dfrac{\partial A^{ij}}{\partial x^k} + \Gamma_{ak}^{i} A^{aj} + \Gamma_{ak}^{j} A^{ia}$

これから，共変微分を作る一般法則は明らかになる．これらの公式から，理論を物理学へ応用する場合に興味ある他の二，三の公式を導こう．

A_{jk} が交代の場合には，$A_{jk;l}$ の添え字を循環の順序に入れかえて加え合わせることによって，すべての添え字の組に対して交代なテンソル

(81) $\quad A_{jkl} = \dfrac{\partial A_{jk}}{\partial x^l} + \dfrac{\partial A_{kl}}{\partial x^j} + \dfrac{\partial A_{lj}}{\partial x^k}$

を得る．

(78)において，もし A_{jk} を基本テンソル g_{jk} でおきかえるならば，その右辺は恒等的に0になる．同じ命題が，g^{ij}

図4

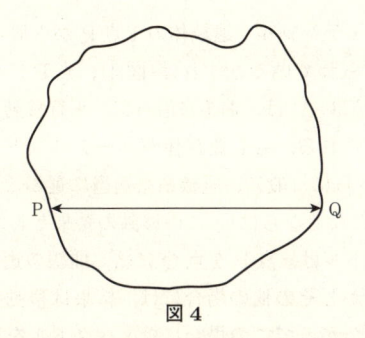

に関する(80)に対しても成立する．すなわち，基本テンソルの共変微分は恒等的に0である．これが成立しなければならないことは，局所座標系においても直接みられる．

A^{ij} が交代である場合には，(80)から j と k に関する縮約によって

(82) $$\mathfrak{V}^i = \frac{\partial \mathfrak{V}^{ij}}{\partial x^j}$$

が得られる．

一般の場合には，(79)と(80)から，i と k に関する縮約によって，方程式

(83) $$\mathfrak{V}_j = \frac{\partial \mathfrak{V}^i_j}{\partial x^i} - \Gamma^a_{jb}\mathfrak{V}^b_a$$

(84) $$\mathfrak{V}^j = \frac{\partial \mathfrak{V}^{ij}}{\partial x^i} + \Gamma^j_{bc}\mathfrak{V}^{bc}$$

を得る．

リーマン・テンソル　連続体の1点Pから他点Qへゆく曲線が与えられているとすれば(図4), 点Pにおいて与えられたベクトル A^i は, 曲線に沿って, 平行移動によってQへ移動させられる. もし連続体がユークリッド空間であれば(またはさらに一般に, 座標系を適当に選ぶことによって g_{jk} が定数となるならば), この移動の結果として点Qで得られたベクトルは, 点Pを点Qに結ぶ曲線の選び方に関係しない. しかしその他の場合には, 結果は移動の径路に関係する. したがってこの場合には, ベクトルを閉曲線上の1点Pから出発して曲線に沿って平行移動して点Pに戻れば, ベクトルは(長さでなくその方向において)ΔA^i なる変化を受ける. このベクトル変化を計算しよう. すなわち

$$\Delta A^i = \oint \delta A^i$$

閉曲線のまわりのベクトルの線積分に関するストークス(G. G. Stokes)の定理の場合と同様, この問題は, 無限に小さな長さをもった閉曲線のまわりの積分に直される. われわれもこの場合だけを考えよう.

まず(67)によって

$$\Delta A^i = -\oint \varGamma^i_{jk} A^j dx^k$$

を得る.

ここに $\varGamma^i_{jk}$ は, 積分路上の動点Qにおけるこの量の値である. もし

$$\xi^i = (x^i)_\mathrm{Q} - (x^i)_\mathrm{P}$$

とおいて，Pにおける Γ^i_{jk} の値を $\overline{\Gamma}^i_{jk}$ と書くことにすれば，十分な精度をもって

$$\Gamma^i_{jk} = \overline{\Gamma}^i_{jk} + \frac{\partial \overline{\Gamma}^i_{jk}}{\partial x^l} \xi^l$$

さらに A^i を，PからQへ曲線に沿って平行移動することによって $\overline{A}^i$ から得られた値とする．そうすれば，$A^i - \overline{A}^i$ は第1次の無限小であるが，第1次の無限小の曲線に対しては，ΔA^i は第2次の無限小であることが，(67)を用いて容易に証明される．したがって

$$A^i = \overline{A}^i - \overline{\Gamma}^i_{bc} \overline{A}^b \overline{\xi}^c$$

とおいても第2次の誤差があるだけである．

Γ^i_{jk} および A^i のこれらの値を積分に代入して，2次以上の高次の無限小の量をすべて省略すれば

(85) $\quad \Delta A^i = -\left(\dfrac{\partial \Gamma^i_{jl}}{\partial x^k} - \Gamma^i_{al} \Gamma^a_{jk} \right) A^j \oint \xi^k d\xi^l$

を得る．積分記号の外へ出された量は点Pにおける値である．被積分関数から $\dfrac{1}{2} d(\xi^k \xi^l)$ を引いて，

$$\frac{1}{2} \oint (\xi^k d\xi^l - \xi^l d\xi^k)$$

を得る．この2次の交代テンソル f^{kl} は，曲線で囲まれた曲面素の大きさと位置を特徴づけるものである．(85)に

おける括弧内の式がもし k と l に関して交代であれば，(85)からそのテンソル性を結論することができる．これを，(85)において総和している添え字 k と l を交換して，得られた方程式を(85)から引くことによって達成することができる．こうして，

(86) $$2\Delta A^i = -R^i_{jkl} A^j f^{kl}$$

を得る．ただしここに

(87) $$R^i_{jkl} = -\frac{\partial \Gamma^i_{jk}}{\partial x^l} + \frac{\partial \Gamma^i_{jl}}{\partial x^k} - \Gamma^a_{jk}\Gamma^i_{al} + \Gamma^a_{jl}\Gamma^i_{ak}$$

である．

R^i_{jkl} のテンソル性は(86)から得られる．これは4階のリーマン曲率テンソルであり，その対称性にはたちいる必要がない．これが0になることは，(選ばれた座標系の虚実を別にすれば)連続体がユークリッド空間になるための十分条件である．

リーマン・テンソルを i と l に関して縮約することによって，2階の対称テンソル

(88) $$R_{jk} = -\frac{\partial \Gamma^a_{jk}}{\partial x^a} + \frac{\partial \Gamma^a_{ja}}{\partial x^k} - \Gamma^a_{jk}\Gamma^b_{ab} + \Gamma^a_{jb}\Gamma^b_{ak}$$

を得る．この第2項と第3項は，$g=$ 定数となるように座標系を選ぶならば，0となる．R_{jk} からスカラー

(89) $$R = g^{jk} R_{jk}$$

を作ることができる.

測地線 その相連続した線素が平行移動の関係にあるような曲線を作ることができる. これはユークリッド幾何学における直線の自然の拡張である. このような曲線に対して,

$$\delta\left(\frac{dx^i}{ds}\right) = -\Gamma^i_{jk}\frac{dx^j}{ds}dx^k$$

を得る. この式の左辺は $\dfrac{d^2x^i}{ds^2}ds$ で*おきかえられるべきであるから, これから

(90) $$\frac{d^2x^i}{ds^2} + \Gamma^i_{jk}\frac{dx^j}{ds}\frac{dx^k}{ds} = 0$$

を得る. 2 点間の積分

$$\int ds \quad \text{または} \quad \int\sqrt{g_{jk}dx^j dx^k}$$

に対して定常な値を与える曲線を求めても, 同一の曲線が得られる(測地線).

---

* 曲線上の近い点における方向ベクトルは, 考えている点における方向ベクトルから, 線素 dx^i に沿っての平行移動によって得られる.

一般相対性理論(続き)

いまやわれわれは,一般相対性理論の諸法則を定式化するに必要な数学的道具立てをもっている.この講義においては系統立った完全さを求めるということはしない.ただ,個々の結果と可能性とを,既知の事柄および既得の結果から順次導いてみよう.このような説明は,知識を進めていく段階には最も適したものである.

まったく力の働いていない質点は,慣性の原理によれば,直線上を等速運動する.(実の時間座標をもった)特殊相対性理論の4次元連続体においては,これは実の直線である.リーマンの一般不変式論の概念の中で考えることができる,直線の,自然な,すなわち最も簡単な拡張は,最も真直ぐな線,すなわち測地線である.したがって,等価原理の意味において,質点の運動は,慣性および重力の作用のみのもとでは,方程式

(90) $$\frac{d^2 x^i}{ds^2} + \Gamma^i_{jk} \frac{dx^j}{ds} \frac{dx^k}{ds} = 0$$

によって記述されると仮定すべきである.事実,もし重力場の成分 Γ^i_{jk} がすべて0になる場合には,この方程式は直線の方程式となる.

これらの方程式は，ニュートンの運動方程式といかなる関係にあるであろうか．特殊相対性理論によれば，g_{jk} は，g^{ij} と同じく，1つの慣性系に対しては（時間座標を実として ds^2 の符号を適当に選べば），

(91) $$\left\{\begin{array}{cccc} -1 & 0 & 0 & 0 \\ 0 & -1 & 0 & 0 \\ 0 & 0 & -1 & 0 \\ 0 & 0 & 0 & 1 \end{array}\right.$$

なる値をもっている．したがって運動の方程式は

$$\frac{d^2 x^i}{ds^2} = 0$$

となる．これを g_{jk} 場に対する "第一近似" と呼ぼう．近似を考える場合には，特殊相対性理論におけるように，虚の x^4 座標を用いるのがしばしば便利である．そうすれば g_{jk} は，第一近似の範囲内では

(91a) $$\left\{\begin{array}{cccc} -1 & 0 & 0 & 0 \\ 0 & -1 & 0 & 0 \\ 0 & 0 & -1 & 0 \\ 0 & 0 & 0 & -1 \end{array}\right.$$

なる値をとる．これらの値は，関係

$$g_{jk} = -\delta_{jk}$$

に要約することができる.したがって第二近似としては,

(92) $$g_{jk} = -\delta_{jk} + \gamma_{jk}$$

とおかなければならない.ここに γ_{jk} は第1次の微小量と考えるべきである.

そうすれば,運動方程式の両辺は,いずれも1次の微小量である.したがって,これらに対して2次の微小量を省略するならば,(69),(70)により

(93) $$ds^2 = -dx^i dx^i = dl^2(1-q^2)$$

(94) $$\Gamma^i_{jk} = -\delta^{ia}[jk,a]$$
$$= \frac{1}{2}\delta^{ia}\left(\frac{\partial \gamma_{ja}}{\partial x^k} + \frac{\partial \gamma_{ka}}{\partial x^j} - \frac{\partial \gamma_{jk}}{\partial x^a}\right)$$

とおかなければならない.ここで第二種の近似を導入しよう.質点の速度は,光の速度にくらべて非常に小さいとする.そうすれば,ds は時間の微分 dl とほとんど等しい.さらに $\dfrac{dx^1}{ds}, \dfrac{dx^2}{ds}, \dfrac{dx^3}{ds}$ は $\dfrac{dx^4}{ds}$ にくらべて0となる.さらに,重力場が,γ_{jk} の x^4 に関する微分を無視しうるくらい,時間に関してほとんど変化しないと仮定する.そうすれば ($i=1,2,3$ に対する) 運動の方程式(90)は,

(90a) $$\frac{d^2 x^i}{dl^2} = \delta^{ia}\frac{\partial}{\partial x^a}\left(\frac{\gamma_{44}}{2}\right)$$

となる.この方程式は,もし $\left(-\dfrac{\gamma_{44}}{2}\right)$ を重力場のポテンシ

ャルと考えれば，重力場中の質点に関するニュートンの運動方程式と同一である．この仮定が許容しうるか否かは，もちろん重力の場の方程式に依存する．すなわちこの量が，第一近似の範囲内で，ニュートンの理論における重力のポテンシャルと同じ場の法則を満足するか否かにかかっている．(90)と(90a)とを一目見れば，実際 Γ^i_{jk} が重力場の強さの役割を演じていることがわかる．これらの量はテンソル性をもっていない．

方程式(90)は，この質点への慣性と重力の影響を表わしている．慣性と重力の統一は，形式的には，(90)の左辺全体が，(任意の座標変換に対して)テンソル性をもっているという事実によって表わされる．しかしながら，これらの2つの項を別々にとって考えるならば，それらはテンソル性をもっていない．ニュートンの方程式との類似性から，第1項は慣性に対する項であり，第2項は重力に対する項であると見なすことができる．

つぎに，重力場の法則を見出すことを試みなければならない．この目的に対しては，ニュートンの理論におけるポアッソン(S. D. Poisson)の方程式

$$\Delta\phi = 4\pi\kappa\rho$$

がモデルとして役に立つにちがいない．この方程式は，重力が物質の密度 ρ から起こるという考えにその基礎をもっている．一般相対性理論においてもそのとおりでなければな

らない．しかしながら，特殊相対性理論に対するわれわれの研究は，物質のスカラー密度の代りに単位体積あたりのエネルギー・テンソルを採用すべきことを示している．このエネルギー・テンソルの中には，物質のエネルギー・テンソルのみでなく，電磁場のエネルギー・テンソルも入ってくる．事実，さらに詳しく分析するならば，エネルギー・テンソルは，物質を表現する暫定的な手段とのみ見なし得るのだった．事実，物質は電荷をもった粒子からできており，それ自身が電磁場の一部分，実際には主要部分と見なされるものである．理論を述べるにあたって，このテンソルの真の形をとりあえず不定のままに残しておかざるをえないのは，集中した電荷の電磁場に対してわれわれが十分の知識をもっていないという事情による．この見地からいえば，われわれはいまだその構造を知らないが，電磁場のエネルギー密度と，物質のエネルギー密度とをとりあえず総合するところの，2階のテンソル T_{jk} を導入することが差し当り適当である．以下にこれを，"物質のエネルギー・テンソル"と呼ぼう．

前に得られた結果によれば，運動量とエネルギーの原理は，このテンソルの発散が0になるという命題(47c)で表現される．一般相対性理論においては，これに対応する一般共変方程式が成立すると仮定しなければならない．T_{jk} を，物質の共変エネルギー・テンソル，$\mathfrak{T}_k^i$ をそれに対応する混合テンソル密度とすれば，(83)によって

(95) $$0 = \frac{\partial \mathfrak{T}_j^i}{\partial x^i} - \Gamma_{jk}^i \mathfrak{T}_i^k$$

が満足されることを要求することになる．ここで思い出すべきことは，物質のエネルギー密度のほかに，重力場のエネルギー密度も与えられていなければならないということである．なぜなら物質のみに対するエネルギーと運動量の保存則について語ることはできないからである．これは数学的には，(95)に第2項の存在することによって表わされる．これによって，(49)の形の積分を含んだ方程式の存在を結論することは不可能になる．重力場は，物質に力をはたらかせてエネルギーを与えるという意味で，物質にエネルギーと運動量を伝える．これは(95)の第2項によって表わされる．

もし，一般相対性理論においてもポアッソンの方程式に類似な方程式が存在するとすれば，この方程式は重力のポテンシャルたるテンソル g_{jk} に対するテンソル方程式でなければならない．そして物質のエネルギー・テンソルは，この方程式の右辺に現われるはずである．この方程式の左辺には g_{jk} の微分を含むテンソルがなければならない．したがって，この微分を含むテンソルを見出さなければならない．それは次の3つの条件によって完全に決定される．すなわち

1. それは g_{jk} の2次以上の微分係数を含んでいない．
2. それは，これら2次の微分係数に関して1次斉次式でなければならない．

3．その発散は恒等的に0でなくてはならない．

これらの条件のうちの最初の2つは，もちろんポアッソンの方程式からとられたものである．このような微分を含んだテンソルはすべて，リーマン・テンソルから代数的に(すなわち微分することなく)作ることができることが数学的に証明されるから，テンソルは

$$R_{jk}+\alpha g_{jk}R$$

なる形でなければならない．ここに R_{jk} および R はそれぞれ(88)および(89)によって定義されるものである．さらに第三の条件は，α が $-\dfrac{1}{2}$ なる値をもつことを要求するのが証明される．したがって重力場の法則として，方程式

(96) $$R_{jk}-\frac{1}{2}g_{jk}R = -\kappa T_{jk}$$

を得る．方程式(95)はこれから導かれる1つの結果である．ここに κ は，ニュートンの重力定数と関係がある1つの定数である．

私は以下に，物理学の見地から興味あるところの，この理論の特徴を，あまり複雑な数学的方法をなるべく使わないで示してみよう．まず最初に，左辺の発散が実際0になることを示さなければならない．物質に対するエネルギー原理は，(83)によって

(97) $$0 = \frac{\partial \mathfrak{T}_j^i}{\partial x^i} - \Gamma_{jb}^a \mathfrak{T}_a^b$$

で表わされる．ただしここに

$$\mathfrak{T}_a^b = T_{ai} g^{ib} \sqrt{-g}$$

である．同様な演算を(96)の左辺に施せば，次のように恒等式が得られる．

各世界点を含む領域内に，x^4 座標を虚に選ぶならば，与えられた点で，

$$g_{jk} = g^{jk} = -\delta_{jk} \begin{cases} = -1 & (j = k \text{のとき}) \\ = 0 & (j \neq k \text{のとき}) \end{cases}$$

となり，g_{jk} および g^{jk} の第1次微分はすべて0となるような座標系が存在する．(96)の左辺の発散がこの点で0になることを確かめてみよう．この点では，成分 Γ_{jk}^i は0になる．したがって

$$\frac{\partial}{\partial x^a} \left[\sqrt{-g}\, g^{ia} \left(R_{jk} - \frac{1}{2} g_{jk} R \right) \right]$$

が0になることさえ証明すればよい．(88)および(70)をこの式に代入すれば，g^{jk} の第3次の微分を含む項だけが残るのがみられる．g_{jk} は $-\delta_{jk}$ でおきかえられるべきであるから，最後にほんの二，三の項を得るのみであるが，これらが互いに消しあうことが容易にみられる．われわれの作った量はテンソル性をもっているから，それが他のすべての座標系に対して0になることが証明された．そしてもちろんその他の4次元点に対しても0となることが証明された．この

ように，物質のエネルギー原理(97)は，場の方程式(96)からの1つの数学的帰結である．

方程式(96)が経験と一致するや否やを知るためには，何よりもまず，これらの方程式が第一近似としてニュートンの理論を導くや否やを見出さなければならない．このためには，この方程式に種々の近似を導入しなければならない．すでに，ユークリッド幾何学と光速不変の法則とが，ある程度の近似においては，太陽系のような相当広い領域の中で成立することを知っている．特殊相対性理論におけるように，もし第四の座標を虚にとるならば，これは

$$(98) \qquad g_{jk} = -\delta_{jk} + \gamma_{jk}$$

とおかねばならないことを意味している．ここに γ_{jk} は1にくらべれば非常に小さく，したがって γ_{jk} とその微分の高次の項は省略できるとする．もしこの省略を行なえば，重力場の構造や，宇宙的大きさの物質空間の構造に関しては何も知ることができないが，しかし，その付近にある物質の物理現象への影響はこれを知ることができる．

この近似を行なう前に，(96)を変形する．(96)に g^{jk} をかけて j と k に関して加え合わせ，g^{jk} の定義(62)から得られる式

$$g_{jk} g^{jk} = 4$$

に注意すれば，方程式

$$R = \kappa g^{jk} T_{jk} \equiv \kappa T$$

を得る．この R の値を(96)に代入すれば,

(96a) $\quad R_{jk} = -\kappa \left(T_{jk} - \frac{1}{2} g_{jk} T \right) \equiv -\kappa T_{jk}^{*}$

を得る．ここで上に述べた近似を行なえば，左辺に対して，

$$-\frac{1}{2} \delta^{ab} \left(\frac{\partial^2 \gamma_{jk}}{\partial x^a \partial x^b} + \frac{\partial^2 \gamma_{ab}}{\partial x^j \partial x^k} - \frac{\partial^2 \gamma_{jb}}{\partial x^k \partial x^a} - \frac{\partial^2 \gamma_{kb}}{\partial x^j \partial x^a} \right)$$

または

$$\delta^{ab} \left\{ -\frac{1}{2} \frac{\partial^2 \gamma_{jk}}{\partial x^a \partial x^b} + \frac{1}{2} \frac{\partial}{\partial x^k} \left(\frac{\partial \gamma'_{jb}}{\partial x^a} \right) + \frac{1}{2} \frac{\partial}{\partial x^j} \left(\frac{\partial \gamma'_{kb}}{\partial x^a} \right) \right\}$$

を得る．ただし，ここに

(99) $\quad\quad \gamma'_{jk} = \gamma_{jk} - \frac{1}{2} \gamma_{ab} \delta^{ab} \delta_{jk}$

とおいた．

さて，方程式(96)があらゆる座標系に対して成立することに注意しなければならない．すでに，考えている領域内では，g_{jk} が一定の数値 $-\delta_{jk}$ と無限小しか異ならないように選んだという点で，座標系を特殊化している．しかしながら，この条件は，座標系の無限小の変化に対してなお成立している．したがって，まだ γ_{jk} に対して成り立ち得る4つの条件が存在するわけである．ただしもちろんこれらの条件が，γ_{jk} の大きさの程度に関する前の条件と矛盾していないとしての話である．したがって，ここで座標系を，4つの関

係式

(100) $$0 = \frac{\partial \gamma'_{jk}}{\partial x^k} = \frac{\partial \gamma_{jk}}{\partial x^k} - \frac{1}{2}\frac{\partial \gamma_{ab}}{\partial x^j}\delta^{ab}$$

が満足されるようにとったと仮定しよう. そうすれば(96a)は

(96b) $$\frac{\partial^2 \gamma_{jk}}{\partial x^a \partial x^b}\delta^{ab} = 2\kappa T^*_{jk}$$

なる形をとる. これらの方程式は, 電気力学でよく知られた, 遅延ポテンシャルの方法でとくことができる. こうして

(101) $$\gamma_{jk} = -\frac{\kappa}{2\pi}\int \frac{T^*_{jk}(x_0, y_0, z_0, t-r/c)}{r}dV_0$$

を得る. この記号の意味は容易に理解されることであろう.

この理論がいかなる意味でニュートンの理論を含むかを見るために, 物質のエネルギー・テンソルをさらに詳細に考察しなくてはならない. 現象論的に考えれば, このエネルギー・テンソルは, 狭い意味での電磁場と物質のそれから成り立っている. もしこのエネルギー・テンソルのそれぞれ異なる部分を, その大きさの程度に関して考えれば, 特殊相対性理論の結果から, 電磁場の影響は, 物質のそれにくらべれば, 実際的には0であることがわかる. われわれの単位系においては, 物質1gのエネルギーは1に等しく, これに比較すれば, 電磁場のエネルギーは無視し得, さらにまた物質の変化のエネルギー, そしてさらに化学的エネルギーをも無視し得る. したがってもし

(102)
$$\begin{cases} T^{ij} = \sigma \dfrac{dx^i}{ds} \dfrac{dx^j}{ds} \\ ds^2 = g_{jk} dx^j dx^k \end{cases}$$

とおけば，われわれの目的に対して十分な近似を得る．ただしここに，σ は静止の密度，すなわち，普通の意味での物質の，単位の物指しを用いて測った，この物質と共に動くガリレイ座標系に関する密度である．

さらに，われわれの選んだ座標系においては，g_{jk} を $-\delta_{jk}$ でおきかえても，すなわち

(102a) $$ds^2 = -\sum_{i=1}^{4}(dx^i)^2$$

とおいても，比較的小さな誤差が生じるだけであることに注意しよう．

以上の考察は，場を作る質量が，われわれの選んだ準ガリレイ座標系に対していかに速く運動するときにも成立する．しかし天文学においては，用いられている座標系に対するその速度が，光の速度にくらべて小さな，したがってわれわれの選んだ時間の単位では 1 にくらべて小さな場合を取り扱わなければならない．したがって，(101) で遅延ポテンシャルを普通の(遅延のない)ポテンシャルでおきかえ，場を作る質量に対して，

$$
(103) \quad \frac{dx^1}{ds} = \frac{dx^2}{ds} = \frac{dx^3}{ds} = 0,
$$
$$
\frac{dx^4}{ds} = \frac{\sqrt{-1}dl}{dl} = \sqrt{-1}
$$

とおけば，ほとんどすべての実用的目的に対して十分な近似を得る．そうすれば，T^{ij} および T_{jk} に対しては，値

$$
(104) \quad \begin{cases} 0 & 0 & 0 & 0 \\ 0 & 0 & 0 & 0 \\ 0 & 0 & 0 & 0 \\ 0 & 0 & 0 & -\sigma \end{cases}
$$

を得る．T に対しては σ なる値を，T_{jk}^* に対しては，値

$$
(104\text{a}) \quad \begin{cases} \dfrac{\sigma}{2} & 0 & 0 & 0 \\ 0 & \dfrac{\sigma}{2} & 0 & 0 \\ 0 & 0 & \dfrac{\sigma}{2} & 0 \\ 0 & 0 & 0 & -\dfrac{\sigma}{2} \end{cases}
$$

を得る．

こうして，(101) から

$$
(101\text{a}) \quad \begin{cases} \gamma_{11} = \gamma_{22} = \gamma_{33} = -\dfrac{\kappa}{4\pi} \displaystyle\int \dfrac{\sigma dV_0}{r} \\ \gamma_{44} = +\dfrac{\kappa}{4\pi} \displaystyle\int \dfrac{\sigma dV_0}{r} \end{cases}
$$

を得る．一方その他の γ_{jk} はすべて0である．この最後の方程式は，方程式(90a)と合わせて考えれば，ニュートンの重力の理論を含んでいる．もし l を ct でおきかえれば

(90b) $$\frac{d^2 x^i}{dt^2} = \frac{\kappa c^2}{8\pi} \frac{\partial}{\partial x^i} \left\{ \int \frac{\sigma dV_0}{r} \right\}$$

を得る．こうして，ニュートンの重力定数 $K=6.67\times 10^{-8}$ dyn cm^2 g^{-2} は，場の方程式に入ってくる定数 κ と関係

(105) $$K = \frac{\kappa c^2}{8\pi}$$

で結ばれている．したがって，K に対する既知の数値から

(105a) $$\kappa = \frac{8\pi K}{c^2} = \frac{8\pi \cdot 6.67\times 10^{-8}\ \text{g}^{-1}\ \text{cm}^3/\text{s}^2}{9\times 10^{20}\ \text{cm}^2/\text{s}^2}$$
$$= 1.86\times 10^{-27}\ \text{g}^{-1}\ \text{cm}$$

であることがわかる．(101)から，重力場の構造は，仮にその第一近似においても，ニュートンの理論と両立するものとは，根本的に異なるのが見られる．この差は，重力のポテンシャルがテンソルの性格をもっており，スカラーではないという事実にある．このことは過去においては認められなかった．なぜなら，第一近似の範囲内では，g_{44} なる成分のみが質点の運動方程式のなかに入っていたからである．

さて，物指しと時計のふるまいを，ここに得られた結果から判断し得るためには，つぎの事実に注意しなければならない．等価原理によれば，無限に小さく，適当な運動状態(自

由落下で回転をともなわないもの)にあるデカルト座標系に関しては，ユークリッド幾何学の計量関係が成立する．したがって，これに対して小さな加速度をもった局所座標に対して，したがってわれわれの選んだそれに対して静止しているような座標系に対して，これと同じ命題をのべることができる．このような局所座標系に対しては，2つの近い事象点に関して

$$ds^2 = -(dX_1)^2-(dX_2)^2-(dX_3)^2+c^2dT^2 = -dS^2+c^2dT^2$$

を得る．ただしここに dS は物指しを用いて直接測られ，dT はこの座標系に対して静止している時計によって測られる．これらは自然に測られる長さと時間である．他方 ds^2 は，有限の領域に対して用いられた座標 x^k を用いて

$$ds^2 = g_{jk}dx^j dx^k$$

の形に知られているから，一方では自然に測定された長さと時間，他方ではそれに対応する座標の差の間の関係を得る可能性がある．空間と時間への分離が，2つの座標系に対してよく合っているから，ds^2 に対する2つの式を等置すれば，2つの関係が得られる．

(101a)によって

$$ds^2 = -\left(1+\frac{\kappa}{4\pi}\int\frac{\sigma dV_0}{r}\right)[(dx^1)^2+(dx^2)^2+(dx^3)^2]$$
$$+\left(1-\frac{\kappa}{4\pi}\int\frac{\sigma dV_0}{r}\right)dl^2$$

とおけば，十分精密な近似の範囲内で，

(106)
$$\begin{cases} \sqrt{(dX_1)^2+(dX_2)^2+(dX_3)^2} \\ \quad = \left(1+\frac{\kappa}{8\pi}\int\frac{\sigma dV_0}{r}\right)\sqrt{(dx^1)^2+(dx^2)^2+(dx^3)^2} \\ cdT = \left(1-\frac{\kappa}{8\pi}\int\frac{\sigma dV_0}{r}\right)dl \end{cases}$$

を得る．

無重力の座標系においた物指しの単位の長さである $\sqrt{(dX_1)^2+(dX_2)^2+(dX_3)^2}=1$ は，重力場においた，われわれの座標系における長さ

$$\sqrt{(dx^1)^2+(dx^2)^2+(dx^3)^2} = 1-\frac{\kappa}{8\pi}\int\frac{\sigma dV_0}{r}$$

に対応する．われわれの特殊な座標系は，この長さが場所のみに関係して，方向には関係しないことを保証している．もし，これと異なる座標系を選んだとすれば，これはそうはならないであろう．しかしながら，座標系をどんなに選んでも，剛体の棒の配位の法則は，ユークリッド幾何学のそれと一致しない．言葉をかえていえば，任意の方向に向けられ

た単位の物指しの両端に対応する座標の差 Δx^1, Δx^2, Δx^3 が，つねに関係 $(\Delta x^1)^2+(\Delta x^2)^2+(\Delta x^3)^3=1$ を満足するような座標系は選び得ないのである．この意味で空間はユークリッド的ではなく，"曲っている"．

(106)の第2式からは，無重力の座標系においた時計の単位時間 $dT=1$ は，重力場においた，われわれの座標系における時間の単位では

$$dt = 1 + \frac{\kappa}{8\pi} \int \frac{\sigma dV_0}{r}$$

なる"時間"に対応していることがわかる．したがって時計の進みは，その付近にある物質の質量が大きければ大きいほどおそくなる．したがって，太陽表面で発せられたスペクトル線は，地球上で発せられたそれに対応するスペクトル線にくらべれば，その波長が約 2×10^{-6} だけ赤の方へ移動することが結論される．はじめは，この理論からの重要な結論は，観測と矛盾するかと思われた．しかしながら最近得られた結果は，この効果の存在をさらに確からしいものにしていると思われる．そして，理論からのこの結論が，数年の間に確かめられるということは，疑う余地のないところである[†]．

実験的に検証しうる，理論からの他の重要な結論は，光線の経路に関するものである．一般相対性理論においても，光

[†] 本書, p.147 を参照.

の速度は，局所慣性系に関してはどこでも同じである．この速度は，時間の自然な単位をとれば1である．したがって一般座標における光の伝播法則は，一般相対性理論によれば，方程式

$$ds^2 = 0$$

で特徴づけられる．われわれの用いている近似の範囲では，そしてわれわれの選んだ座標系においては，光の速度は，(106)によれば，方程式

$$\left(1+\frac{\kappa}{4\pi}\int\frac{\sigma dV_0}{r}\right)[(dx^1)^2+(dx^2)^2+(dx^3)^2]$$
$$=\left(1-\frac{\kappa}{4\pi}\int\frac{\sigma dV_0}{r}\right)dl^2$$

で特徴づけられる．したがって光の速度 L は，われわれの座標系においては

$$(107)\quad \frac{\sqrt{(dx^1)^2+(dx^2)^2+(dx^3)^2}}{dl}=1-\frac{\kappa}{4\pi}\int\frac{\sigma dV_0}{r}$$

で表わされる．したがってこれから，大きな質量のそばを通る光線は屈曲するという結論を引き出すことができる．座標系の原点に集中した質量 M の太陽を考えれば，x^1-x^3 平面内で，原点から距離 Δ のところを x^3 軸に平行に走る光線は

$$\alpha=\int_{-\infty}^{+\infty}\frac{1}{L}\frac{\partial L}{\partial x^1}dx^3$$

なる角度だけ太陽の方へ屈曲するわけである．積分を行なうと

(108) $$\alpha = \frac{\kappa M}{2\pi\Delta}$$

を得る．

Δ が太陽の半径に等しい場合に対しては $1.''75$ になるこの屈曲の存在は，1919 年に行なわれたイギリスの日蝕観測によって，きわめて高い精度を以て確認された．そしてさらに細心な準備が，1922 年の日蝕に於いてさらに精確な材料を得るために行なわれている[†]．この理論からの結論は，座標系の任意の選択には影響されないことに注意すべきである．

さて，観測によって検証しうる，理論からの第三の結論について語るべき段階に達した．すなわちそれらは，水星の近日点の移動に関する事柄である．惑星軌道の永年変化は，われわれの用いている近似では足りないくらい十分精確に知られている．したがって一般の場の方程式(96)に戻る必要がある．この問題を解くために私は，逐次近似法を利用した．しかしながら，それ以来中心対称の静的重力場のこの問題は，シュワルツシルト(K. Schwarzschild)その他によ

[†] 1922 年の日蝕で得られた屈曲角のうち最も精度のよいものは $1.''72\pm0.''15$ であり，1952 年の日蝕では $1.''70\pm0.''10$ が得られた．1969 年からは太陽によるラジオ波の屈曲の観測が長基線干渉計を用いて行なわれている．

って完全に解決されている．H. ワイルによってその著 "空間，時間，物質" 中に与えられた導き方は特にエレガントである．直接方程式(96)に戻ることをしないで，この方程式と同等な変分原理に基づくならば，計算はいささか簡単になる．私は，その方法を理解するのに必要な程度にだけ，そのやり方を示そう．

静的重力場の場合には，ds^2 は

$$
(109) \quad \begin{cases} ds^2 = -d\sigma^2 + f^2(ds^4)^2 \\ d\sigma^2 = \sum_1^3 \gamma_{\alpha\beta} dx^\alpha dx^\beta \end{cases}
$$

なる形をもっていなければならない．ただし，ここに第2式の右辺における和は，空間座標にのみわたるものとする．場の中心対称性は，$\gamma_{\alpha\beta}$ が

$$(110) \qquad \gamma_{\alpha\beta} = \mu\delta_{\alpha\beta} + \lambda x^\alpha x^\beta$$

の形であることを要求する．そして f^2, μ, λ は

$$r = \sqrt{(x^1)^2 + (x^2)^2 + (x^3)^2}$$

のみの関数である．座標系は先験的にはまったく任意であるから，これら3つの関数のうちの1つはまったく任意に選びうる．なぜなら

$$x'^\alpha = F(r)x^\alpha$$
$$x'^4 = x^4$$

なる変換によって, いつでも, これら3つの関数のうちの1つが r' の指定された関数となるようにすることができるからである. したがって, 何ら一般性を制限することなく, (110)において,

(110a) $$\gamma_{\alpha\beta} = \delta_{\alpha\beta} + \lambda x^\alpha x^\beta$$

とおくことができる.

こうして, g_{jk} は2つの量 λ と f を用いて表わしうる. これらは, まず(109)と(110a)から Γ^i_{jk} を計算し, つぎに方程式(96)に代入することによって, r の関数として決定される. したがって,

(110b)
$$\begin{cases} \Gamma^\sigma_{\alpha\beta} = \dfrac{1}{2}\dfrac{x^\sigma}{r}\cdot\dfrac{\lambda x^\alpha x^\beta + 2\lambda r \delta_{\alpha\beta}}{1+\lambda r^2} & (\alpha,\beta,\sigma=1,2,3) \\ \Gamma^4_{44} = \Gamma^\alpha_{4\beta} = \Gamma^4_{\alpha\beta} = 0 & (\alpha,\beta=1,2,3) \\ \Gamma^4_{4\alpha} = \dfrac{1}{2}f^{-2}\dfrac{2f^2}{\partial x^\alpha}, \quad \Gamma^\alpha_{44} = -\dfrac{1}{2}g^{\alpha\beta}\dfrac{\partial f^2}{\partial x^\beta} \end{cases}$$

を得る.

これらの結果を用いれば, 場の方程式は, シュワルツシルトの解

(109a)
$$ds^2 = \left(1-\frac{A}{r}\right)dl^2 - \left[\frac{dr^2}{1-\dfrac{A}{r}} + r^2(\sin^2\theta d\phi^2 + d\theta^2)\right]$$

を与える．ここに

(109b)
$$\begin{cases} x^1 = r\sin\theta\sin\phi \\ x^2 = r\sin\theta\cos\phi \\ x^3 = r\cos\theta \\ x^4 = l \\ A = \dfrac{\kappa M}{4\pi} \end{cases}$$

とおいた．

M は，座標の原点のまわりに中心対称に分布した太陽の質量を表わしている．解(109a)は，すべての T_{jk} が0になる，この質量の外部でのみ有効である．もし惑星の運動が x^1-x^2 平面内で行なわれるものとすれば，(109a)を

(109c) $$ds^2 = \left(1-\frac{A}{r}\right)dl^2 - \frac{dr^2}{1-\dfrac{A}{r}} - r^2 d\phi^2$$

でおきかえなければならない．

惑星運動の計算は，方程式(90)に基づいて行なわれる．方程式(110b)の第1式と(90)とから，添え字1,2,3に対して

$$\frac{d}{ds}\left(x^\alpha \frac{dx^\beta}{ds} - x^\beta \frac{dx^\alpha}{ds}\right) = 0$$

が得られる．または，積分して，結果を極座標で表わせば，

(111) $$r^2 \frac{d\phi}{ds} = 一定$$

を得る．

(90)から，$\mu=4$ に対しては

$$0 = \frac{d^2 l}{ds^2} + \frac{1}{f^2}\frac{df^2}{dx^\alpha}\frac{dx^\alpha}{ds}\frac{dl}{ds} = \frac{d^2 l}{ds^2} + \frac{1}{f^2}\frac{df^2}{ds}\frac{dl}{ds}$$

を得る．これから，f^2 を掛けて積分することによって

(112) $$f^2 \frac{dl}{ds} = 一定$$

を得る．

(109c),(111)および(112)において，4つの変数 s, r, l および ϕ の間に3つの方程式をもっている．これから惑星の運動が，古典力学における運動と同様にして計算される．これから得られる最も重要な結果は，惑星の楕円軌道には，惑星の回転方向と同じ方向へ，1回転ごとに弧度法で測って

(113) $$\frac{24\pi^3 a^2}{(1-e^2)c^2 T^2}$$

におよぶ永年回転があるということである．ただしここに

$a=$ 惑星軌道の長軸の半分を cm で表わしたもの

$e=$ 離心率

$c=3\times 10^{+10}$ cm/s で真空中の光の速度

$T=$ 公転周期を秒で表わしたもの

である．この式は，水星の近日点の移動に対する説明を与える．この現象は 100 年前から(ルベリエ(U. J. J. Le Verrier)以来)知られていたが，理論天文学がこれまで満足な説明を与え得なかったものである．

電磁場に関するマックスウェルの方程式を，一般相対性理論を用いて表わすことは容易である．これは，テンソルの形式(81)，(82)および(77)を応用して行なわれる．ϕ_j を1つの1階のテンソルとし，これを電磁4元ポテンシャルとする．そうすれば，電磁場テンソルは，関係式

$$(114) \qquad \phi_{j\kappa} = \left(\frac{\partial \phi_j}{\partial x^k} - \frac{\partial \phi_k}{\partial x^j}\right)$$

で定義される．そうすれば，マックスウェルの方程式の第2式は，これから得られるテンソル方程式

$$(114\mathrm{a}) \qquad \frac{\partial \phi_{jk}}{\partial x^l} + \frac{\partial \phi_{kl}}{\partial x^j} + \frac{\partial \phi_{lj}}{\partial x^k} = 0$$

で定義される．そしてマックスウェルの方程式の第1式は，テンソル密度関係式

(115)
$$\frac{\partial \mathfrak{F}^{ij}}{\partial x^j} = \mathfrak{F}^i$$

で定義される. ただしここに

$$\mathfrak{F}^{ij} = \sqrt{-g}g^{ia}g^{jb}\phi_{ab}$$
$$\mathfrak{F}^i = \sqrt{-g}\rho\frac{dx^i}{ds}$$

である. もし電磁場のエネルギー・テンソルを(96)の右辺に代入すれば, $\mathfrak{F}^i=0$ なる特別の場合に対しては, 発散をとることによって得られる(96)からの結論として, (115)を得る. このように電磁気的な理論を一般相対性理論の枠内に入れることは, 多くの理論物理学者から, まったく任意的で不満足なものであると考えられた. また, こうしたのでは, 電荷をもった素粒子を形成する電気の平衡が理解できない. したがって, 重力場と電磁場とが理論的に異なる構造として入ってこないような理論の方が望ましいわけである. H. ワイル, そして最近には Th. カルツァ (T. Kaluza) が, この方向に沿ったかなり巧みな理論を発見した. しかしこれらに関しては, これらが基本的な問題の真の解答に近づけるものではないと私は思う. 私はこの問題に深入りすることはやめて, いわゆる宇宙論的な問題を簡単に論じようと思う. なぜなら, これなしでは, 一般相対性理論に関する考察は, ある意味で不十分なものになってしまうからである.

場の方程式(96)に基づいた以上の考察は, その基礎に,

全体としての空間はガリレイ-ユークリッド的であり，そのなかに物質があるときにのみこの性格は変化を受けるという考えをもっている．この考えは，天文学が取り扱う程度の大きさの空間を取り扱っている限りにおいては確かに実証されるであろう．しかしながら，宇宙の一部は，それがいかに大であろうとも，準ユークリッド的であるかどうかという問題は，また全然別の問題である．これを，すでに何度も使った曲面論からの例を用いて説明しよう．もし曲面の一部分が肉眼で平面であると観測されたとしても，これから曲面全体が平面の形をしているということはでてこない．たとえば曲面は，十分大きな半径をもった球の形をしているかも知れない．全体としての宇宙が非ユークリッド的であるかどうかという問題は，一般相対性理論が生まれる前にすでに，幾何学的見地から何度も論じられた．しかしながら相対性理論以来，この問題は新しい段階に入った．なぜならこの理論によれば，物体の性質は，質量の分布と独立なものではなく，それに関係するものであるからである．

もし宇宙が準ユークリッド的であるとすれば，慣性は，重力と同様，物体の間の一種の相互作用に関係するというマッハの考えにおいて，彼は全然誤っていたことになる．なぜならこの場合には，適当に選ばれた座標系を用いれば，g_{jk}は，無限遠では，特殊相対性理論におけると同様，定数になるはずであるが，他方有限の領域においては，g_{jk}は，適当な座標系をとれば，この有限の領域にある質量の影響の結果

として，これらの定数値とほんの少しちがうことになるはずである．そうすれば，空間の物理的性質は，物質と全然独立ではなく，すなわち物質に全然無関係ではなく，主として物質によって，少しだけではあるが影響をうけるということになる．このような双対的な考えは，それ自身満足なものではない．しかしながら，これに反対する重要な物理的議論が存在する．これを考えよう．

宇宙は無限であり，無限遠ではユークリッド的であるという仮定は，相対論的な見地からは複雑な仮定である．一般相対性理論の言葉で言えば，この仮定は，4階のリーマン・テンソル R_{iklm} が無限遠で0になることを要求するが，これは20個の独立な条件を与える．他方，重力場の法則のなかには，たった10個の曲率成分 R_{jk} しか入ってこないのである．したがって，何ら物理的な基礎なしに，このように影響の大きな制限を仮定することは確かに妥当ではない．

しかしながら他方，相対性理論は，慣性が物質の相互作用によるとする彼の考えにおいては，マッハは正しいということを，もっともらしく見せてもいるのである．なぜなら，以下に示すように，方程式によれば，慣性質量が，非常に弱くではあるが，慣性の相対性の意味で互いに作用し合っているからである．マッハの考えに沿って，いかなることが期待されるであろうか．

1. 物体の慣性は，その付近に質量が集まれば増加するはずである．

2. 物体は，その付近の質量が加速された場合には，加速された力を受けなければならない．そして事実その力は，その加速度と同じ方向になければならない．
3. 回転しつつある中空の物体は，運動しつつある物体を回転方向へ偏らせる"コリオリの場"をその内部に生成するはずである．そして遠心力の場をも生成する．

以下に，マッハの考えによれば当然予期されるこれら3つの効果が，実際，理論によっても現われることを示そう．しかしながらその大きさはかなり小さなものであるので，それを実験室内の実験で確認することはちょっと考えられない．この目的のために再び質点の運動方程式(90)に戻って，いままで方程式(90a)で行なった近似よりもさらに一歩進んだ近似を行なってみよう．

まず第一に，γ_{44} を第1次の微小量と考える．重力の影響で運動している質量の速度の2乗は，エネルギーの方程式によれば，これと同程度の量である．したがって，考えている質点の速度を，場を生成する質量の速度と同様，$\frac{1}{2}$ 次の微小量と考えるのが妥当である．さて，場の方程式(101)から起こる方程式と，運動の方程式(90)において，(90)の左辺でこれらの速度に関して1次の項を考えるという程度の近似を行なおう．さらに，ds と dl を互いに等しいとおかずに，さらに高次の近似に対応して，

$$ds = \sqrt{g_{44}}dl = \left(1 - \frac{\gamma_{44}}{2}\right)dl$$

とおく．(90)からまず

(116)
$$\frac{d}{dl}\left[\left(1+\frac{\gamma_{44}}{2}\right)\frac{dx^i}{dl}\right] = -\Gamma^i_{jk}\frac{dx^j}{dl}\frac{dx^k}{dl}\left(1+\frac{\gamma_{44}}{2}\right)$$

を得る．(101)から，求める近似の範囲内で，

(117)
$$\begin{cases} -\gamma_{11} = -\gamma_{22} = -\gamma_{33} = \gamma_{44} = \dfrac{\kappa}{4\pi}\int\dfrac{\sigma dV_0}{r} \\ \qquad\qquad \gamma_{4\alpha} = -\dfrac{i\kappa}{2\pi}\int\dfrac{\sigma\dfrac{dx^\alpha}{ds}dV_0}{r} \\ \qquad\qquad \gamma_{\alpha\beta} = 0 \end{cases}$$

を得る．ここに(117)においては，α, β は空間に関する添え字のみを示すものとする．

(116)の右辺において，$1+\dfrac{\gamma_{44}}{2}$ を 1 で，$-\Gamma^i_{jk}$ を $[jk, i]$ でおきかえることができる．さらに，この程度の近似においては，

$$[44, \mu] = -\frac{1}{2}\frac{\partial\gamma_{44}}{\partial x^\mu} + \frac{\partial\gamma_{4\mu}}{\partial x^4}$$
$$[\alpha 4, \mu] = \frac{1}{2}\left(\frac{\partial\gamma_{4\mu}}{\partial x^\alpha} - \frac{\partial\gamma_{4\alpha}}{\partial x^\mu}\right)$$
$$[\alpha\beta, \mu] = 0$$

とおかなければならないことが容易にみられる．ただしここ

に α, β, μ は空間に関する添え字を示すものとする．したがって，(116)から，ふつうのベクトル記号を用いて

$$
(118) \begin{cases} \dfrac{d}{dl}[(1+\bar{\sigma})\boldsymbol{v}] = \operatorname{grad}\bar{\sigma} + \dfrac{\partial\mathfrak{V}}{\partial l} + [\operatorname{rot}\mathfrak{V}, \boldsymbol{v}] \\ \bar{\sigma} = \dfrac{\kappa}{8\pi}\int\dfrac{\sigma dV_0}{r} \\ \mathfrak{V} = \dfrac{\kappa}{2\pi}\int\dfrac{\sigma\dfrac{dx^\alpha}{dl}dV_0}{r} \end{cases}
$$

を得る．

運動の方程式(118)は実際次のことを示している．

1. 慣性質量は $1+\bar{\sigma}$ に比例する．したがって質量が試験物体に近づけば増加する．
2. 試験物体に対する，加速された質量から導かれる，同じ符号の作用が存在する．これは項 $\dfrac{\partial\mathfrak{V}}{\partial l}$ である．
3. 回転する中空の物体の内部にあって回転軸に垂直に運動する質点は，回転の方向へ偏移させられる（コリオリの場）．回転する中空の物体の内部の上記の遠心力もまた，チリング(H. Thirring)によって示されたように，この理論から導かれる*．

κ があまりにも小さいので実験では看破し得ないこれらす

───────────
* 遠心力がコリオリ(G. G. Coriolis)の場の存在と不可分な関係にあるということは，1つの慣性系に対して一様に回転する座標系という特別な場合に対しては，計算なしにも認められる．一般共変方程式は，もちろんこのような場合に対しても成り立たなければならない．

べての効果も，一般相対性理論によれば確かに存在するのである．ここに，あらゆる慣性作用の相対性に関するマッハの考えに対する，強力な支持を見出さなければならない．これらの考えを最後までおしすすめていくならば，全慣性，すなわち全 g_{jk} 場は，宇宙の物質によって決定されるべきであって，無限遠における境界条件のみで定められるべきものではないと考えなければならない．

宇宙的大きさの g_{jk} 場に対する妥当な概念としては，星の相対速度は，光の速度にくらべて小さいという事実が意味をもっているように思われる．これから，適当に座標系を選ぶならば，宇宙において，そして少なくも物質の存在する宇宙の部分に対しては，g_{44} はほとんど定数であることがわかる．さらに，星は宇宙のあらゆる部分に存在するという仮定も自然に思われる．したがって g_{44} が一定でないということは，物質が連続的には分布しておらず，個々の天体，または天体系に集まっているという事柄にのみよるものであると仮定することができる．もし，物質の密度と，g_{jk} 場のこのような局所的な非一様性を知らないことにすれば，全体としての宇宙の幾何学的性質に関して何事かを研究しようとするためには，実際の物質分布を連続的な分布でおきかえ，そしてこの分布に一様な密度 σ を与えるのが自然であると思われる．このような仮想的な宇宙においては，空間的方向をもったすべての点は幾何学的に同等である．その宇宙的拡がりに対しては，宇宙は一定の曲率をもっている．そしてその

x^4 座標に対して円柱的である．宇宙は空間的に限られている，したがって σ の一定性に関する仮定によれば，球的にしろ楕円的にしろ，定曲率であるという可能性が，とくに満足なものと思われる．なぜなら，そうすれば，一般相対性理論の見地からはいかにも不当であったところの，無限遠における境界条件は，閉曲面に対するもっと自然な条件でおきかえられるからである．

以上にのべたところによれば，

(119) $$ds^2 = (dx^4)^2 - \gamma_{\mu\nu} dx^\mu dx^\nu$$

とおかなければならない．ただしここに添え字 μ および ν は，1から3までをとるものとする．$\gamma_{\mu\nu}$ は，正の定曲率をもった3次元連続体に対応するような，x^1, x^2, x^3 の関数となるであろう．さて，このような仮定が，重力の場の方程式を満足しうるや否やを研究しなければならない．

これを研究し得るためには，定曲率の3次元多様体が，いかなる微分条件を満足するかをまず見出さなければならない．4次元ユークリッド連続体*中に含まれた3次元球面多様体は，方程式

$$(x^1)^2 + (x^2)^2 + (x^3)^2 + (x^4)^2 = a^2$$
$$(dx^1)^2 + (dx^2)^2 + (dx^3)^2 + (dx^4)^2 = ds^2$$

---

* 第四番目の空間次元を用いるということは，数学的工夫という点を除けば，もちろん何ら意味のないことである．

で与えられる．x^4 を消去して，

$$ds^2 = (dx^1)^2+(dx^2)^2+(dx^3)^2+\frac{(x^1dx^1+x^2dx^2+x^3dx^3)^2}{a^2-(x^1)^2-(x^2)^2-(x^3)^2}$$

を得る．

x^i に関して3次およびそれ以上高次の項を無視すれば，座標の原点の付近においては，

$$ds^2 = \left(\delta_{\mu\nu}+\frac{x^\mu x^\nu}{a^2}\right)dx^\mu dx^\nu$$

とおくことができる．

括弧のなかは，原点の付近における多様体の $g_{\mu\nu}$ である．$g_{\mu\nu}$ の第1次微分，したがって $\Gamma^\lambda_{\mu\nu}$ は原点で0となるから，この多様体に対する $R_{\mu\nu}$ の計算は，(88)によって，原点では非常に簡単である．よって，

$$R_{\mu\nu} = -\frac{2}{a^2}\delta_{\mu\nu} = -\frac{2}{a^2}g_{\mu\nu}$$

を得る．

関係式 $R_{\mu\nu}=-\dfrac{2}{a^2}g_{\mu\nu}$ は，宇宙全体を通じて共変的であるから，そして多様体のすべての点は幾何学的に同等であるから，この関係式はあらゆる座標系に対して，そして多様体中のすべての位置で成立する．4次元多様体との混同を避けるために，以下においては，3次元連続体に関する量をギリシャ文字で表わして，

(120) $$\mathrm{P}_{\mu\nu} = -\frac{2}{a^2}\gamma_{\mu\nu}$$

とおく．

さて，ここで場の方程式(96)を，特別な場合にあてはめよう．(119)から，4次元多様体に対して，

(121) $\begin{cases} R_{\mu\nu} = P_{\mu\nu} \quad (\text{添え字 1,2,3 に対して}) \\ R_{14} = R_{24} = R_{34} = R_{44} = 0 \end{cases}$

を得る．

(96)の右辺に対しては，塵の雲のように分布された物質に対するエネルギー・テンソルを考えなければならない．したがって，以上のことによって，静止の場合に対して特殊化して

$$T^{ij} = \sigma \frac{dx^i}{ds} \frac{dx^j}{ds}$$

とおかなければならない．しかしその上，圧力の項をつけ加えなければならない．これはつぎのようにして物理的に見出される．物質は電荷をもった粒子から成り立っている．しかしマックスウェルの理論に基づいたのでは，これらは，特異性のない電磁場としては認められない．事実と合わせるためには，マックスウェルの理論に含まれていないエネルギーの項を導入する必要がある．したがって，個々の電気的粒子が，同一符号の電気をもったその要素の間の相互斥力にもかかわらず，そのまま存在しうる．この事実と合わせるために，ポアンカレは，これらの粒子の内部に，静電気的斥力を釣り合わせるような圧力が存在すると仮定した．しかしなが

らこの圧力は，粒子の外部で0になるということは主張し得ない．現象論的表現においては，もし圧力の項をつけ加えるならば，この事情とうまく調和させることができる．しかしながらこれは，流体力学的な圧力と混同してはならない．それは，物質内の力学的関係をエネルギー論的に表現するときにのみ役に立つものである．この意味で

(122) $$T_{jk} = g_{jb}g_{kc}\sigma\frac{dx^b}{ds}\frac{dx^c}{ds} - g_{jk}p$$

とおく．

特別な場合には，したがって

$$T_{\mu\nu} = \gamma_{\mu\nu}p \quad (\mu,\nu は 1 から 3 まで)$$

$$T_{44} = \sigma - p$$

$$T = -\gamma^{\mu\nu}\gamma_{\mu\nu}p + \sigma - p = \sigma - 4p$$

とおかなければならない．場の方程式(96)は

$$R_{jk} = -\kappa\left(T_{jk} - \frac{1}{2}g_{jk}T\right)$$

の形に書かれることに注意して，(96)から，方程式

$$+\frac{2}{a^2}\gamma_{\mu\nu} = \kappa\left(\frac{\sigma}{2} - p\right)\gamma_{\mu\nu}$$

$$0 = -\kappa\left(\frac{\sigma}{2} + p\right)$$

を得る．これから

(123)
$$\begin{cases} p = -\dfrac{\sigma}{2} \\ a = \sqrt{\dfrac{2}{\kappa\sigma}} \end{cases}$$

を得る．

もし宇宙が準ユークリッド的であり，したがってその曲率半径が無限大であれば，σ は 0 となるであろう．しかしながら，宇宙における物質の平均密度が実際 0 というのはありそうもない．これは，宇宙が準ユークリッド的であるということに反対する，われわれの第三番目の論拠である．またわれわれの仮定した圧力が 0 になるということも可能とは思われない．この圧力の物理的な性質は，われわれが電磁場に対するより優れた理論的知識を獲得して後にはじめて認めうることであろう．方程式 (123) の第 2 式によれば，宇宙の半径 a は，物質の全質量 M を用いて，方程式

(124)
$$a = \frac{M\kappa}{4\pi^2}$$

によって決定される．幾何学的性質の物理学的性質に対する完全な依存性は，この方程式によって明瞭となる．

このようにして，空間が無限であるという考えに反対し，空間が限られて，閉じているという考えに味方する，つぎの議論を述べることができる．

1. 相対論の見地からは，閉じた空間を仮定することは，それに対応する，宇宙は無限遠において準ユークリッド

的構造をもっているという境界条件よりも遥かに簡単である．

2. 慣性は，物体の相互作用に依存するという，マッハによっていわれた考えは，第一近似においては，相対論の方程式に含まれている．これらの方程式から，慣性は，少なくとも部分的には，質量の間の相互作用に依存することがわかる．慣性は一部分相互作用に関係し，一部分独立な空間の性質に関係するとするのは不満足な仮定であるから，マッハの考えは，ある確率をもって成立する．しかしマッハのこの考えは，空間的に限られた有限宇宙にのみ対応するものであって，準ユークリッド的な無限宇宙に対応するものではない．認識論の見地からは，物質によって完全に決定される力学的性質をもつことが，さらに望ましい．そしてこれは，空間的に限られた宇宙に対してのみ成立する．

3. 無限宇宙は，宇宙における物質の平均密度が0になるときにのみ可能である．このような仮定は論理的には可能であるが，それは，宇宙には物質の有限平均密度が存在するという仮説よりも可能性は少ない．

第二版への付録

"宇宙論的な問題" について

この小著の第一版発刊以来，なにがしかの進歩が相対性理論にもたらされた．そのうちのいくつかを，ここに簡単に述べておこう．

まず第一の進歩は，原点におかれた質量がつくる（負の）重力ポテンシャルによる，スペクトル線の赤方偏移の存在の決定的証明である（125頁参照）．この証明は，その平均密度が水のそれを 10^4 倍程度も越えている，いわゆる "矮星" の発見によって可能となったのである．その質量と半径を決定し得る*，このような星（たとえばシリウスの伴星）に対しては，この赤方偏移は，理論によれば，太陽に対するそれのほぼ20倍と予想されていたのである．そしてそれは実際，ちょうど予期された範囲内にあることが証明された†．

---

* 質量は，ニュートンの法則を用いて，分光器を用いる方法によって，シリウスに対する反作用から導かれる．半径は，その全体の明るさと，単位面積あたりの輻射の強さから導かれる．そして輻射の強さは，その輻射の温度から導かれる．
† 重力による赤方偏移は，白色矮星 40 Eridani B についてポッパー (D. M. Popper) により 1954 年に確かめられた．$c(\Delta\lambda/\lambda)$ に対する理論値 (17±3) km/s に対し実測値 (21±4) km/s であった．白色矮星 Sirius B は極めて明るい Sirius A の近くにあるため観測が難しい．地上では，パウンド (R. V. Pound) とスナイダー (J. L. Snyder) が 1964

第二の進歩は，重力の作用を受ける物体の運動法則に関するものである．これを簡単にのべよう．理論が最初組み立てられた折には，重力の作用を受ける物体の運動法則は，重力の場の法則に付加された，これと独立な基本的仮定として導入された．——重力の作用を受ける質点は測地線をえがくと主張する(方程式(90)参照)．これは，ガリレイの慣性法則を"真の"重力場が存在する場合に対して，仮説的に翻訳したものであった．この——重力場の作用を受ける，任意の大きさをもった物質に対して拡張された——運動法則が，空なる空間の場の方程式のみから導かれることが示された．この導き方によれば，運動法則は，それを生成する質点の外部では，場がどこでも特異でないという条件から得られる．

　第三の進歩は，いわゆる"宇宙論的な問題"に関するものであって，これはここに詳細に論ずることにしよう．その理由の一部は，それが基本的に重要な問題であるからであり，また一部は，これらの問題についての議論は，まだ結論に達していないからである．また，この問題の取扱いの現段階においては，最も重要な基本的な点がまだ十分強調されていないという印象をはらいのけることができないので，私はさらに精密な議論が必要だと感じている．

　問題は大約つぎのように述べることができる．すなわち，恒星を観測したところによれば，恒星系は，決して無限に拡

年に ^{57}Fe のガンマ線を 22.5 m の高さから落として 0.997±0.008 の精度で確認した．

がる空なる空間のなかに漂う島のようなものではない，と信ずる十分な理由がある．また宇宙に存在する全質量の重心のようなものは存在しないと思われる．むしろ，空間に存在する質量の，0と異なる平均密度が存在すると信ずべきであると思われる．

したがってつぎの問題が起こる．すなわち，経験によって暗示されるこの仮定を，一般相対性理論と調和させることができるか，ということである．

まず第一に，この問題をさらに正確な形に定式化しなければならない．その中に含まれる質量の平均密度が，ほぼ(x^1, x^2, x^3, x^4)の連続関数となるくらい十分大きな，宇宙の有限の一部分を考えよう．このような空間の一部分は，近似的に1つの慣性系(ミンコフスキー空間)であると考えられる．これに関して星の運動を表わそう．この系に関する質量の平均速度がいずれの方向にも0となるように調整することができる．そうすれば気体の分子の運動によく似た，個々の星の(ほとんどランダムな)運動が残る．観測によれば，星の速度は光の速度にくらべて非常に小さいということは本質的なことである．したがってこの相対的な運動はこれを全然無視し，星を，互いに(ランダムな)運動はしていない物質の塵でおきかえて考えるのが便利である．

しかしながら上の条件は，これでも問題を決定的なものにするのにけっして十分ではない．最も簡単で，最も根本的と思われる特殊化はつぎの条件である．すなわち，物質の

(自然に測られた)密度 ρ は，(4次元空間の)どこにおいても同一であり，しかも，その計量は，座標系を適当にとれば，x^4 に無関係であって，x^1, x^2, x^3 に関して斉次かつ等方的である，という条件である．

最初私が，大域における物理的空間の最も自然な，理想化された叙述と考えたのは，この場合である．これは，本書の139〜145頁に取り扱われている．この解答に対する反論は，負の圧力を導入しなければならず，それに対しては何ら物理学的検証が存在しないという点にあった．この解答を可能にするために私は，最初，方程式のなかに，上記の圧力の代りに1つの新しい項を導入したのであった．これは相対論の見地からは許されることである．このように拡張された重力の方程式は，

(1) $$\left(R_{ik}-\frac{1}{2}g_{ik}R\right)+\Lambda g_{ik}+\kappa T_{ik}=0$$

であった．ただしここに Λ は，1つの普遍定数("宇宙定数")である．この第2項の導入は理論を複雑にするものである．そしてその論理的簡単さをかなり減ずるものである．しかしその導入は，物質の有限平均密度の導入がほとんど避けられないものであるということから起こる困難によってのみ，妥当とされるのである．ついでながら，ニュートンの理論にも同様な困難のあることに注意しておこう．

数学者フリードマン(A. Friedmann)は，このジレンマか

ら逃れる方法を見出した*. 彼の結果は, ハッブル(E. Hubble)による恒星系の膨張(距離と共に増大するスペクトル線の赤方偏移)の発見によって, めざましい確認を得たのであった. 以下は本質的には, フリードマンの考えをのべたものに過ぎない.

3次元に関して等方的な4次元空間

われわれは, われわれの目のとどく限りの星の集まりは, あらゆる方向にほぼ同様な密度をもって分布しているのを観察する. したがって, この星の集まりの空間的な等方性は, まわりの物質に比較して静止の位置にある観測者の, あらゆる場所, あらゆる時間に対して, あらゆる観測者にとって成立するとの仮定に導かれる. 他方われわれは, まわりの物質に対して静止している観測者にとって, 物質の平均密度は時間に関して一定であるとの仮定はもはや設けない. 併せて, 計量場の表現が時間に無関係であるとの仮定は, これをすてる.

さてわれわれは, 宇宙が, 空間的にいって, どこでも等方的であるという条件に対する, 数学的な形式を見出さなければならない. (4次元)空間の各点Pを通って, 1質点の軌道

---

* 彼は, これらの場の方程式を勝手に拡張することなく, 全(3次元)空間中に有限の密度をもつことが可能であるのを, 場の方程式に従って示したのであった. *Zeitschr. f. Physik*, **10**, 377(1922).

(これを今後簡単のために"測地線"と呼ぶ)が存在する．PおよびQを，このような測地線上の無限に近い2点とする．そうすればわれわれは，場の表現が，PおよびQを固定するいかなる座標系の回転に対しても不変であることを要求しなければならない．これは，任意の測地線の任意の線素に対して成立する*．

上記の不変性の条件は，全測地線が回転軸の上にのっており，その上の点は座標系の回転で不変であることを要求する．これは，解が，座標系の ∞^3 個の測地線のまわりのすべての回転に対して不変であることを意味している．

簡単のために私は，この問題の解答を逐次導くことには立入らないことにする．しかしながら，3次元空間に対しては，∞^2 個の直線のまわりの回転に対して不変な計量は，本質的に(座標軸を適当にとれば)中心対称の型のものであり，その回転軸は中心から出る直線であり，これは対称の理によって測地線であることは，直観的に明らかであろう．一定の半径をもった曲面は，定(正)曲率をもった曲面であり，これは(中心から出る)測地線にどこでも垂直になっている．したがって，不変な言葉を用いていえば，つぎの定理を得る．すなわち，

測地線に垂直な曲面の族が存在する．これらの曲面の

---

* この条件は，計量を制限するばかりでなく，任意の測地線に対して，この測地線のまわりの回転のもとでの不変性が成立するような座標系の存在を必要とする．

おのおのは定曲率の曲面である．この族に属する任意の2つの曲面の間に挟まれた，これら測地線の長さは相等しい．

注意 このように直観的に得られた場合は，一般的なものでなく，この族に属する曲面は負の定曲率か，またはユークリッド的(曲率が0)であるかも知れない．

われわれが関心を有する4次元の場合もまったく同様である．さらに計量空間が慣性指数1の場合にも本質的な差異はない†．ただ，中心から出る方向を時間的な方向にとり，したがって，この族に属する曲面の方向を空間的な方向にとらなければならないだけである．すべての点における局所光円錐の軸は，中心から出る測地線の上にある．

座標の選択

宇宙の空間的等方性が最も明瞭に現われる4つの座標の代りに，物理的な解釈という見地から，さらに便利な他の座標を選ぼう．

時間的な曲線で，それに沿っては x^1, x^2, x^3 は一定で x^4

---

† 実対称行列 G を対角化すると対角要素 λ_l は実数になるが，そのうち 0 のものを z 個，正のものを p 個，負のものを n 個とする．z, p, n は G によって一意にきまる(Sylveser の慣性法則)．著者が慣性指数 1 と言っているのは $z=0, p=1$ あるいは $z=0, n=1$ の場合である．その場合には $G=(g_{ij})$ による2次形式 $g_{ij}x^i x^j$ は，適当な1次変換 $y^l = a_{lm}x^m$ によって，$y_1^2 - \sum_k y_k^2$ の ±1 倍になる．

のみが変わるものとして,粒子のえがく測地線をとろう.これは中心対称な形では中心を通る直線である.そして x^4 を,中心からの計量的距離に等しいとしよう.このような座標系においては,計量は,

(2) $$\begin{cases} ds^2 = (dx^4)^2 - d\sigma^2 \\ d\sigma^2 = \gamma_{ik} dx^i dx^k \quad (i, k = 1, 2, 3) \end{cases}$$

なる形をもっている.ただしここに $d\sigma^2$ は,球状超曲面の1つの上における計量である.種々の超曲面に属する γ_{ik} は,(中心対称性によって) x^4 にのみ関係する正の因数を除いては,すべての超曲面の上で同じ形をもっているはずである.すなわち

(2a) $$\gamma_{ik} = \underset{0}{\gamma_{ik}} G^2$$

ただしここに $\underset{0}{\gamma_{ik}}$ は x^1, x^2, x^3 のみに関係し,G は x^4 のみの関数である.したがって,

(2b) $$d\underset{0}{\sigma}^2 = \underset{0}{\gamma_{ik}} dx^i dx^k \quad (i, k = 1, 2, 3)$$

は,すべての G に対して同一の,1つの定まった3次元の定曲率計量である.

このような計量は,方程式

(2c) $$\underset{0}{R_{iklm}} - B(\underset{0}{\gamma_{il}}\underset{0}{\gamma_{km}} - \underset{0}{\gamma_{im}}\underset{0}{\gamma_{kl}}) = 0$$

で特性づけられる.座標系 (x^1, x^2, x^3) を,線素が共形的に

ユークリッド的となるように，すなわち

(2d) $$d\underset{0}{\sigma}^2 = A^2[(dx^1)^2+(dx^2)^2+(dx^3)^2]$$

つまり

$$\underset{0}{\gamma}_{ik} = A^2\delta_{ik}$$

となるように選ぶことができる．ただし，ここに A は，r $(r^2=(x^1)^2+(x^2)^2+(x^3)^2)$ のみの正の関数である．これを上の方程式に代入して A に対して2つの方程式

(3) $$\begin{cases} -\dfrac{1}{r}\left(\dfrac{A'}{Ar}\right)' + \left(\dfrac{A'}{Ar}\right)^2 = 0 \\ -\dfrac{2A'}{Ar} - \left(\dfrac{A'}{A}\right)^2 - BA^2 = 0 \end{cases}$$

を得る．ここに第一の方程式は

(3a) $$A = \frac{c_1}{c_2+c_3 r^2}$$

によって満足される．ただしここに定数はさしあたり任意とする．そうすれば第二の方程式は

(3b) $$B = 4\frac{c_2 c_3}{c_1^2}$$

を与える．

定数 c に関してつぎの条件を得る．もし $r=0$ に対して A が正となるならば，c_1 と c_2 は同符号でなければならない．したがって A の分子分母に適当な符号を乗じて，c_1 と c_2

をいずれも正とすることができる．またわれわれは c_2 を 1 とすることもできる．さらに，正の因数は G^2 の中に吸収させてしまうことができるから，一般性を失うことなく，c_1 をも 1 とすることができる．したがってわれわれは

(3c) $$A = \frac{1}{1+cr^2}; \quad B = 4c$$

とおくことができる．したがってここに3つの場合がある．すなわち

$c > 0$ （球空間）

$c < 0$ （擬球空間）

$c = 0$ （ユークリッド空間）

座標の相似変換 ($x'^i = ax^i$; a は定数) によって，さらに，第一の場合には $c = \frac{1}{4}$，第二の場合には $c = -\frac{1}{4}$ とおき得る．

したがって3つの場合に対して，それぞれ

(3d) $$\begin{cases} A = \dfrac{1}{1+\dfrac{r^2}{4}}; & B = +1 \\[2mm] A = \dfrac{1}{1-\dfrac{r^2}{4}}; & B = -1 \\[2mm] A = 1 & ; \quad B = 0 \end{cases}$$

を得る．球空間の場合には，単位空間 ($G=1$) の "周囲" は

$$\int_{-\infty}^{\infty} \frac{dr}{1+\frac{r^2}{4}} = 2\pi$$

で,単位空間の"半径"は1である.3つのいずれの場合においても,時間の関数 G は,物質の(空間的断面の上で測られた)2点間の距離の,時間に対する変化の割合を示す尺度である.球空間の場合には,G は時間 x^4 における空間の半径である.

要約 われわれの理想化された宇宙に対する,空間的等方性の仮定から,計量

(2) $ds^2 = (dx^4)^2 - G^2 A^2 [(dx^1)^2 + (dx^2)^2 + (dx^3)^2]$

が得られる.ただしここに G は x^4 のみに関係し,A は r ($r^2 = (x^1)^2 + (x^2)^2 + (x^3)^2$) のみに関係する.またここに

(3) $$A = \frac{1}{1+\frac{z}{4}r^2}$$

であって,種々の場合は,それぞれ $z=+1$, $z=-1$, $z=0$ によって特性づけられる.

場 の 方 程 式

さらに,重力場の方程式,すなわち,前にその場限りのものとして導入した,"宇宙項"なしの場の方程式,すなわち

(4) $$\left(R_{ik}-\frac{1}{2}g_{ik}R\right)+\kappa T_{ik}=0$$

を満足させなければならない.

空間的等方性の仮定に基づく計量の式を代入して, 計算の結果,

(4a) $$\begin{cases} R_{ik}-\dfrac{1}{2}g_{ik}R = \left(\dfrac{z}{G^2}+\dfrac{G'^2}{G^2}+2\dfrac{G''}{G}\right)GA\delta_{ik} \\ \qquad\qquad\qquad\qquad (i,k=1,2,3) \\ R_{44}-\dfrac{1}{2}g_{44}R = -3\left(\dfrac{z}{G^2}+\dfrac{G'^2}{G^2}\right) \\ R_{i4}-\dfrac{1}{2}g_{i4}R = 0 \quad (i=1,2,3) \end{cases}$$

を得る.

さらに, "塵" の雲としての物質に対するエネルギー・テンソル T_{ik} は

(4b) $$T^{ik} = \rho\frac{dx^i}{ds}\frac{dx^k}{ds}$$

である.

測地線は物質が描く曲線であって, それに沿って x^4 のみが変わる. したがってその上では $dx^4=ds$ である. したがって,

(4c) $$T^{44} = \rho$$

が, 0でない唯一の成分である. 添え字を下げることによっ

て，T_{ik} の 0 でない唯一の成分として

(4d) $$T_{44} = \rho$$

を得る．

これを考慮に入れれば，場の方程式は，

(5) $$\begin{cases} \dfrac{z}{G^2} + \dfrac{G'^2}{G^2} + 2\dfrac{G''}{G} = 0 \\ \dfrac{z}{G^2} + \dfrac{G'^2}{G^2} - \dfrac{1}{3}\kappa\rho = 0 \end{cases}$$

となる．ここに，$\dfrac{z}{G^2}$ は，空間的断面 $x^4=$ 定数における曲率である．いずれの場合にも，G は，2つの質点の計量的距離に対する，時間の関数としての相対的測度であるから，$\dfrac{G'}{G}$ はハッブルの膨張を表わしている．要求された対称型をもった重力の方程式の解が存在する場合には，当然そうなるように，A は方程式から落ちてしまう．両方程式を辺々相減じて，

(5a) $$\dfrac{G''}{G} + \dfrac{1}{6}\kappa\rho = 0$$

を得る．G と ρ とはどこにおいても正でなければならないから，G'' は，0にならない ρ に対してはどこにおいても負である．このように，$G(x^4)$ は，極小も，変曲点ももちえない．さらに，G が定数であるような解は存在しない†．

---

† (5a)によれば $G''<0$ であるから宇宙の膨張は減速してゆくことになる．ところが 1998 年，膨張が加速していることをアメリカのパール

空間的曲率が0になる($z=0$)特別な場合

密度 ρ が 0 にならない最も簡単な特別の場合は，$z=0$ なる場合である．この場合には，$x^4=$ 定数なる断面は曲率をもっていない．もし $\dfrac{G'}{G}=h$ とおけば，この場合の場の方程式は

(5b)
$$\begin{cases} 2h'+3h^2 = 0 \\ 3h^2 = \kappa\rho \end{cases}$$

である．

第二の方程式によって与えられる，ハッブルの膨張 h と平均密度 ρ との間の関係は，少なくともその大きさの程度のみを問題とする限り，ある程度観測と比較しうるものである．膨張は，10^6 パーセクの距離に対して 432 km/s で与えられる．これをわれわれの用いている尺度で(すなわち長さ

ミュッター(S. Perlmutter)のチームとアメリカのリース(A. Riess)，オーストラリアのシュミット(B. Schmidt)のチームが独立に発見し，2011 年度のノーベル物理学賞に輝いた(参照：佐藤勝彦『科学』，2012 年 1 月号)．膨張の加速を説明するには，(5a)を，そのもとになった物質のエネルギー・テンソルに圧力 p の項を加えて

$$\frac{G''}{G}+\frac{\kappa}{6c^2}(\varepsilon+3p) = 0$$

に変え($\varepsilon=\rho c^2$ はエネルギー密度．佐藤文隆『宇宙物理』，岩波書店(1997)の(4.3)式を参照)，圧力が負で $\varepsilon+3p<0$ となるとするか，"宇宙定数" を復活させるか(本書の p.150；*Physics Today*，2014 年 4 月号を参照)などが検討されている．

の単位としては cm を，時間の単位としては光が 1 cm を走るに要する時間を用いて）表わせば，

$$h = \frac{432 \times 10^5 \text{ cm/s}}{3.25 \times 10^6 \cdot 365 \cdot 24 \cdot 60 \cdot 60 \text{ s}} \left(\frac{1}{3 \times 10^{10} \text{ cm/s}} \right)^2$$
$$= 4.68 \times 10^{-28} \text{ cm}^{-1}$$

を得る．さらに $\kappa = 1.86 \times 10^{-27}$ g^{-1}cm であるから（(105a)参照），方程式(5b)の第2式は

$$\rho = \frac{3h^2}{\kappa} = 3.5 \times 10^{-28} \text{ g/cm}^3$$

を与える．

この値は大きさの程度においては，天文学者たちによって（観測できる星と星の集団の質量と視差に基づいて）与えられた値とほぼ一致する．私はここに一例として G. C. マクヴィッティー（G. C. McVittie, *Proceedings of the Physical Society of London*, vol.51, 1939, p.537）を引用する．すなわち "平均密度は，たしかに 10^{-27} g/cm^3 より大きくはない，おそらく 10^{-29} g/cm^3 程度のものであろう" と．

この大きさを決定することは非常に困難であるので，私は，さしあたりこれは満足な一致であると考える．h なる量は，ρ よりもはるかに大きな精度をもって決定しうるのであるから，観測可能な空間の構造の決定は，ρ のさらに精密な決定と結びついていると主張するのは，おそらく誇張ではあるまい．なぜなら，(5)の第二の方程式によれば，空間の曲

率は，一般の場合には

(5c) $$zG^{-2} = \frac{1}{3}\kappa\rho - h^2$$

として与えられる．したがって，もしこの方程式の右辺が正であれば，空間は正の定曲率をもっており，したがって有限であるからである．この大きさは，この差と同じ精度をもって決定されうる．もし右辺が負であれば，空間は無限である．現在は，ρ の値は，この関係から空間($x^4=$ 定数なる切断面)の 0 にならない平均曲率を導きうるほど精密には決定されていない．

空間的曲率を無視する場合には，(5b)の第 1 式は，x^4 の始点を適当にとることによって，

(6) $$h = \frac{2}{3}\frac{1}{x^4}$$

となる．この方程式は，$x^4=0$ に対して特異性をもっている．したがってこのような空間は，負の膨張をもっていて，時間が $x^4=0$ なる値で上からおさえられているか，または正の膨張をもっていて，$x^4=0$ から存在し始めるかのいずれかである．後者の場合は，自然においてわれわれがそうであると考えている場合に相当している．

h の測定値から，宇宙の現在までの存在期間として，1.5×10^9 年を得る．この年齢は，地殻に対してウランの壊変から得たそれとほぼ同一である．これは，種々の理由から，理論の妥当性に対して疑いを起こした，1 つの逆説的な結果であ

つぎの問題が起こる．すなわち空間的な曲率は実際的には無視可能であるとする仮定から起こるこの困難は，適当な空間的曲率の導入によって，はたして除去可能であろうか，という問題である．この場合には，G の時間に対する関係を決定する (5) の第1式が有用になるであろう．

空間的曲率が0でない場合に対する方程式の解

空間的断面 ($x^4 =$ 一定) の空間的曲率を考えれば，方程式

$$
\text{(5)} \quad \begin{cases} zG^{-2} + \left(2\dfrac{G''}{G} + \left(\dfrac{G'}{G}\right)^2\right) = 0 \\ zG^{-2} + \left(\dfrac{G'}{G}\right)^2 - \dfrac{1}{3}\kappa\rho = 0 \end{cases}
$$

を得る．曲率は，$z = +1$ に対しては正，$z = -1$ に対しては負である．これらの方程式の第1式は，積分可能である．

まずそれを

(5d) $\qquad z + 2GG'' + G'^2 = 0$

の形に書く．$x^4 (=t)$ を G の関数と考えれば，

$$G' = \frac{1}{t'}, \quad G'' = \left(\frac{1}{t'}\right)' \frac{1}{t'}$$

を得る．したがって $\dfrac{1}{t'}$ の代りに $u(G)$ とかけば

(5e) $$z+2Guu'+u^2 = 0$$

または

(5f) $$z+(Gu^2)' = 0$$

を得る．これから簡単な積分によって，

(5g) $$zG+Gu^2 = G_0$$

を得る．また

$$u = \frac{1}{\dfrac{dt}{dG}} = \frac{dG}{dt}$$

とおいたのであったから，

(5h) $$\left(\frac{dG}{dt}\right)^2 = \frac{G_0-zG}{G}$$

を得る．ただしここに G_0 は定数である．この定数は負にはなりえない．なぜなら，(5h)を微分して，(5a)によって G'' は負であることを考えれば明らかであろう．

(a) 正の曲率をもった空間

G は，$0 \leq G \leq G_0$ なる区間内にある．G は定量的には図5のような略図で与えられる．

半径 G は，0 から G_0 まで増加し，ふたたび連続的に0まで減少する．空間的断面は有限である（球状）．

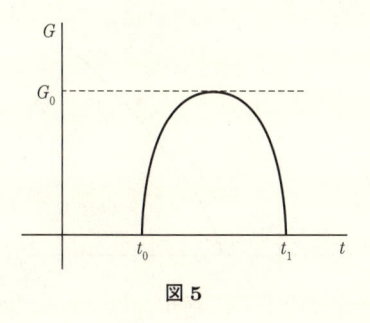

図 5

(5c) $$\frac{1}{3}\kappa\rho - h^2 > 0$$

(b) 負の曲率をもった空間

$$\left(\frac{dG}{dt}\right)^2 = \frac{G_0 + G}{G}$$

G は, t とともに $G=0$ から $G=+\infty$ まで増加する(または $G=\infty$ から $G=0$ まで変わる). したがって $\frac{dG}{dt}$ は, 図6に示したように, $+\infty$ から1まで単調に減少する. したがってこれは, 縮まることなく常に膨張してゆく場合である. 空間的な断面は無限であって, われわれは,

(5c) $$\frac{1}{3}\kappa\rho - h^2 < 0$$

を得る. 前節で取り扱った, 平面的な空間的断面の場合は, 方程式

図6

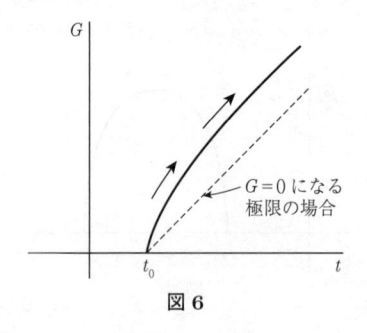

(5h)
$$\left(\frac{dG}{dt}\right)^2 = \frac{G_0}{G}$$

によって，これら2つの場合の中間にある．

注意 負の曲率の場合は，その極限の場合として，ρが0になる場合を含んでいる．この場合に対しては$\left(\frac{dG}{dt}\right)^2 = 1$である(図6参照)．これはユークリッド的な場合である．なぜなら，計算によって曲率テンソルが0になることが示されるからである．

0でないρをもった，負の曲率の場合は，しだいしだいにこの極限の場合に近づいていく．したがって，時間が増すにしたがって，空間の構造は，その中に含まれる物質によって決定されにくくなる．

0でない曲率をもったこの場合の研究から，つぎの結果が得られる．0でない("空間的")曲率の各状態に対して，0と

いう曲率の場合と同様，膨張の始まる $G=0$ という初期の状態が存在する．したがってこれは，密度が無限大になり，場が特異である断面である．このような新しい特異性の導入は，それ自身問題であると思われる*．

さらに空間的曲率の導入の，膨張の始まりと一定の値 $h=\dfrac{G'}{G}$ になるまでの間の時間に対する影響は，その大きさの程度が無視可能であると思われる．この時間は，(5h)から初等的な計算で得られるが，ここには省略する．われわれは0である ρ をもった膨張宇宙のみを考察しよう．これは，前にのべたように，負の空間曲率の特別な場合である．(5)の第2式は，(左辺の符号の変化を考慮して)

$$G' = 1$$

を与える．したがって（x^4 に対して適当な始点をとって）

$$G = x^4$$

(6a) $$h = \frac{G'}{G} = \frac{1}{x^4}$$

を得る．したがって，この極限の場合は，膨張の期間に関しては，1という大きさの程度の因数を別にすれば，0という

---

* しかしながら次のことに注意しなければならない．重力に対する現在の相対論的な議論は，"重力場" の概念と "質量" の概念とを分離することに基づいている．したがって，この理論は，この理由から，非常に大きな物質密度に対しては不適当であるということもあり得る．統一場理論においては，特異性が起こらないということも可能である．

空間的曲率をもった場合(方程式(6)参照)と同一の結果を与える.

したがって,現在観測可能な星および星の集団の年齢に関して,これほど短い期間を与えるという,方程式(6)に結びつけられた上記の疑問は,空間的な曲率の導入によっても除去しえない.

物質に関する方程式を拡張することによる,上記の考察の拡張

現在までに得られたあらゆる解には,計量が特異になり($G=0$),したがって密度が無限大となる状態が存在する.したがってつぎの問題が起こる.このような特異性の起こったのは,われわれが物質を,凝集をさまたげない一種の塵として導入したという事実によるのではないか.何らの理由もなしに,おのおのの星の任意の運動の影響を無視してしまったのではないか.

たとえば,その粒子が,たがいに静止している塵の雲を,気体の分子のように互いにランダムな運動をしているような塵でおきかえることもできよう.このような物質は,凝縮とともに増加する断熱凝縮への抵抗を与える.これは,無限の凝縮の起こることを防ぎ得ないであろうか.われわれは以下に,物質の叙述におけるこのような修正も,上記の解の主な性格を何ら変え得ないものであることを示そう.

特殊相対性理論によって取り扱われた "粒子-気体"

平行な運動状態にある，質量 m の粒子の集まりを考える．適当な変換によって，これらの集まりは静止の状態にあると考えられる．したがって，粒子の空間的密度 σ は，ローレンツの意味で不変である．任意のローレンツ系に対して

$$\tag{7} T^{uv} = m\sigma \frac{dx^u}{ds} \frac{dx^v}{ds}$$

は不変な意味(この集まりのエネルギー・テンソル)をもっている．もしこのような集まりが数多くあれば，これらを加えることによって，これらのすべてに対して

$$\tag{7a} T^{uv} = m \sum_p \sigma_p \left(\frac{dx^u}{ds}\right)_p \left(\frac{dx^v}{ds}\right)_p$$

を得る．この形については，ローレンツ系の時間軸を，$T^{14}=T^{24}=T^{34}=0$ となるように選ぶことができる．さらに，この系の空間的な回転によって $T^{12}=T^{23}=T^{31}=0$ を得ることができる．さらに粒子気体は等方的であるとしよう．これは，$T^{11}=T^{22}=T^{33}=p$ を意味している．これは，$T^{44}=u$ と同じく不変量である．このように，不変量

$$\tag{7b} \mathfrak{T} = T^{uv}g_{uv} = T^{44}-(T^{11}+T^{22}+T^{33}) = u-3p$$

は，u および p を用いて表わすことができる．

T^{uv} に対する式から，T^{11}, T^{22}, T^{33} および T^{44} はすべて

正であることがわかる．したがって $T_{11}, T_{22}, T_{33}, T_{44}$ に対しても同様のことがいえる．

さて重力の方程式は

(8) $$\begin{cases} 1+2GG''+G^2+\kappa T_{11} = 0 \\ -3G^{-2}(1+G'^2)+\kappa T_{44} = 0 \end{cases}$$

である．第1式から，この場合にもまた，（$T_{11}>0$ であるから）G'' は常に負であり，与えられた G および G' に対する項 T_{11} は，G'' の値を減ずることができるだけである．

これから，質点のランダムな相対運動の考察も，われわれの結果を本質的に変えるものでないことがわかる．

要約とその他の注意

(1) 重力の方程式への "宇宙項" の導入は，相対論の見地からは可能であるけれども，論理的な簡潔さという見地からは棄てられるべきものである．フリードマンがはじめて示したように，2つの質点間の計量的距離が時間とともに変化し得ることを許すならば，物質がどこででも有限の密度をもっていることと，重力の方程式のもとの形とを融和させることは可能である*．

---

* もし，ハッブルの膨張が，一般相対性理論創設の当時に知られていたなら，宇宙項はけっして導入されていなかったであろう．現在では，場の方程式の中にこのような項を導入することは，あまり妥当とはされな

(2) 宇宙の空間的等方性の要求のみから，フリードマンの形は導かれる．したがってこれは，疑いもなく，宇宙論的な問題に適当な一般な形である．

(3) 空間的曲率の影響を無視することによって，大きさの程度においては，観測的に確認される，平均密度とハッブルの膨張との間の関係を得る．

さらに，膨張が始まった時から現在までの時間に対して，10^9 年程度の大きさの値を得る．この時間はあまりにも小さく，恒星の生成に関する理論と一致しない．

(4) この後者の結果は，空間的曲率の導入によっても，変化を受けない．また，星および星の集団の相互の任意の運動の考察によっても変化を受けない．

(5) ある人は，ハッブルのスペクトル線の赤方偏移を，ドップラー(C. Doppler)の効果以外のもので説明しようと試みる．しかしながら，既知の物理的な事実の中には，このような考えを支持する何物もない．このような仮定の1つによれば，2つの星 S_1 と S_2 を，1つの剛体の棒で結ぶことができる．S_1 から S_2 に送られ，反射されて S_1 に戻ってくる単色光は，棒に沿っての光の波長の数が途中で時間とともに変わるとすれば，(S_1 の時計で測って)異なった振動数をもって到着する．これは，局所的に測られた光の速度は時

―――――――――――――
いと思われる．なぜなら，その導入は，そもそものその最初の理由——宇宙論的問題の1つの自然な解答を導くということ——を失わせるからである．

間に関係することを意味するが，特殊相対性理論とは矛盾する．さらに，S_1 と S_2 の間を往復する光信号は，S_1 にある時計(例えば原子時計)と一定の関係にはない1つの"時計"をなしていることに注意すべきである．これは相対論の意味での計量の存在しないことを意味している．これは，相対論の与えたこれらすべての関係の理解を失なわせるばかりでなく，ある種の原子の形は"相似性"によって結びつけられているのではなく，"合同性"によって結びつけられているのであるという事実と一致させることにも失敗する(例えば，鋭いスペクトル線の存在，原子の体積等々)．

しかしながら，上記の考察は波動説に基づいている．したがって，上の仮定を提唱する人々は，光の放射の過程は波動説によって行なわれるのではなくて，コンプトン(A. H. Compton)効果のそれに類似な形で行なわれると考えるかもしれない．衝突のないこのような過程を仮定することは，現在のわれわれの知識の見地からは妥当でない仮説を設けることとなる．これはまた，振動数の，もとの振動数からの相対的偏移の独立性に対する理由を与えることにも失敗する．したがってわれわれは，ハッブルの発見を，星の集団の膨張と考えざるを得ない．

(6) たった 10^9 年前に"宇宙が始まった"(膨張の出発)という仮定に関する疑いは，観測的，および理論的の両方の根拠をもっている．天文学者たちは，種々のスペクトル型をもった星を，一様な発展をたどった同じ年齢のクラスに入

れて考えようとする．この過程は，10^9 年よりももっともっと長い時間を要する．したがってこのような理論は，相対論的な方程式から証明された結果と矛盾する．しかしながら私には，星の"進化の理論"は，場の方程式よりは薄弱な基礎の上に立っていると思われる．

理論的な疑問は，膨張の始まる時に対して，計量が特異になり，したがって密度 ρ が無限大になるという事実に基づいている．この点に関してはつぎのことに注意すべきである．すなわち，現在の相対性理論は，物理的な実在を，一方では計量場（重力），他方では電磁場と物質に分割することに基づいている．実際には，空間はおそらく一様な性格をもったものであり，現在の理論はその極限の場合としてのみ正しいのかもしれない．大きな密度に対しては，場の方程式と，そのなかへ入ってくる場の変数でさえもが，実際の意味をもっていない．したがって，場の物質の非常に大きな密度に対しては，場の方程式の成立することを仮定してはいけないのかもしれない．したがって，"膨張の始まり"が数学的意味において特異性を意味するとも結論してはいけないのかもしれない．したがってここに考慮すべきことは，方程式がこのような領域に対してまで接続されてはならないということである．

しかしながらこの考察も，現在存在する星および星の集団の発展という見地からみて，"宇宙の始まり"が，これらの星も星の集団もまだ個々の実在としては存在していなかった

というような，そういう始まりをなしているという事実をかえるものではない．

(7) しかしながら，理論によって要求される，空間の力学的概念に対して都合の良い経験的な議論も存在する．その比較的速い崩壊にもかかわらず，また，ウランの生成に対する可能性が1つも考えられないにもかかわらず，なぜいまだにウランが存在するのであろうか．空間はなぜ，夜空を輝く表面と見せるような輻射で満たされていないのであろうか．これは，定常な世界という見地からは，いまだに満足な解答の与えられていない旧い問題である．しかしながら，この種の質問に立ち入ることは，あまりにわれわれの主題とかけ離れることとなろう．

(8) 上にのべた理由から，そのあまりに短い"年齢"にもかかわらず，膨張宇宙をもっと真剣に取り上げるべきであると思われる．もしそうするならば，主な問題は，空間が正の空間的曲率をもつか，負の空間的曲率をもつかの問題となる．このためにわれわれは以下の注意をつけ加えておこう．

観測的な見地からは，この決定は，$\frac{1}{3}\kappa\rho - h^2$ が正(球空間の場合)になるか，負(擬球空間の場合)になるかの決定に帰着する．これは私には，最も重要な問題であると思われる．その観測的な決定は，天文学の現在の状態から不可能ではないと思われる．h(ハッブルの膨張)は比較的正確に知られているから，すべては，できる限りの精度をもって ρ を

決定することにかかっている．

　世界が球状であるという証明が与えられるということは想像できる（しかしそれが擬球状であることが証明されるとはほとんど考えられない）．これは，ρ には，下の限界を与えることはできるが，上の限界を与えることはできないという事実によるのである．それは，天文学的に観測不可能な（光を出していない）質量によって，ρ にどのくらいの大きさを与えるべきかという考えをまとめることはできないからである．この点を私はさらに詳細に論じてみたいと思う．

　光を出している星の質量のみを考えに入れて，ρ に対する下の限界（ρ_s）を与えることはできる．このときもし $\rho_s > \dfrac{3h^2}{\kappa}$ となったならば，われわれは球空間の方に決めてよいのである．もし $\rho_s < \dfrac{3h^2}{\kappa}$ となったならば，光を出していない質量の分量 ρ_d を定めなければならない．われわれはさらに $\dfrac{\rho_d}{\rho_s}$ の下の限界を定め得ることを示そうと思う．

多くの個々の星を含み，定常な体系であることが，たとえば（既知の視差をもった）球状星団であることが，十分の精度をもって知られているところの，天文学的な対象を考えよう．分光器によって観測可能な速度から，（適当な仮定のもとで）重力場を決定することができる．したがって，この場を生成する質量を決定することができる．こうして計算された質量を，見ることのできる星団の質量と比較することができる．したがって少なくとも大約の近似においては，場を生

成する質量が，見ることのできる星団の質量をどの程度超えているかを見出すことができる．こうして，ある特定の星団に対して $\dfrac{\rho_d}{\rho_s}$ の評価を得ることができる．

光を出していない星は，光を出している星よりも小さいから，それらは，星団の星との相互作用によって，平均して，大きな星よりも，さらに大きな速度に近づいていくであろう．したがってそれらは，大きな星よりもさらに速く，星団から"蒸発"していくであろう．したがって，星団内部の小さな天体の相対的な割合は，外部のそれより小さいことが期待される．したがって $\left(\dfrac{\rho_d}{\rho_s}\right)_k$（上の星団の密度の関係）のなかに，全空間における $\dfrac{\rho_d}{\rho_s}$ なる比に対する下の限界を得るであろう．したがって，空間における質量の全平均密度に対する下の限界として

$$\rho_s\left[1+\left(\dfrac{\rho_d}{\rho_s}\right)_k\right]$$

を得る．もしこの量が $\dfrac{3h^2}{\kappa}$ よりも大きかったならば，空間は球状の性格のものであると結論することができる．他方，私は，ρ に対する上の限界の信用し得る決定法は考えることができない．

(9) 最後の，しかし重要な注意：ここに用いられた意味での宇宙の年齢は，放射性鉱物から見出された地殻の年齢をたしかに超えていなければならない．これらの金属による

年齢の決定は，あらゆる点からみて信用し得るものであるから，もしここにのべた宇宙論的な理論が，このような結果と矛盾することがわかったならば，この理論は直ぐに不可とされる．この場合に対しては，私は何ら合理的な解答を見出すことができない．

付録Ⅱ　非対称場の相対論

　本論に入る前に私は，まず場の方程式系の"強さ"を一般的に論じておきたいと思う．この議論は，ここに紹介しようとする特殊な理論とはまったく別に，それ自身興味のあるものである．しかしながら，われわれの問題をより深く理解するためには，これはほとんど不可欠のものである．

場の方程式系の"連立性"と"強さ"について

　いくつかの場の変数と，それらに対する場の方程式系が与えられていても，この後者は一般に，場を完全には決定しない．そこにはなお，場の方程式の解に対して，いくつかの自由なデータが残っている．場の方程式系と両立するような自由なデータの数が少なければ少ないほど，この方程式系は"強い"．この方程式を選択するためのどんな他の見地も存在しない場合は，弱い方程式系よりは"強い"方程式系の方が好ましいのは明らかである．われわれの目的は，方程式系のこの強さの測度を見出すことにある．このような測度が定義でき，しかもこれは，その場の変数が，数においても，種類においても異なるような方程式系の強さを，互いに比較す

ることを可能とする．

ここに含まれる考えと方法とを，4次元の場に限って，次々と複雑になっていく例を用いて示そう．そしてこれらの例を示していく途中で，次々とそれに関係のある概念を導入していこう．

［第一の例］　スカラー波動方程式*

$$\phi_{,11}+\phi_{,22}+\phi_{,33}+\phi_{,44}=0$$

ここに方程式系は，唯1つの場の変数に対する，唯1つの微分方程式から成っている．われわれは，ϕ が，1点 P の近傍でテイラー級数に展開できると仮定する（これは ϕ の解析性をあらかじめ仮定している）．そうすれば，その係数の全体がこの関数を完全に表現する．第 n 次の係数（すなわち点 P における ϕ の第 n 次微係数）の数は $\dfrac{4\cdot5\cdots(n+3)}{1\cdot2\cdots n}$ に等しい（これを簡単に $\dbinom{4}{n}$ とかく）．そして，もし微分方程式がそれらの間になんらかの関係を規定するのでなければ，これらすべての係数はまったく自由に選びうる．方程式は 2 階の方程式であるから，これらの関係は，方程式を $(n-2)$ 回微分することによって得られる．こうして，第 n 次の係数に対して $\dbinom{4}{n-2}$ 個の条件を得る．したがって自由である

---

* 以下においては，コンマはいつも偏微分を表わすものとする．たとえば，$\phi_{,i}=\dfrac{\partial\phi}{\partial x^i}$, $\phi_{,11}=\dfrac{\partial^2\phi}{\partial x^1\partial x^1}$ 等である．

第 n 次微係数の数は，

(1) $$z = \binom{4}{n} - \binom{4}{n-2}$$

である．この数は，任意の n に対して正である．したがって，n よりも小さなすべての次数に対して自由な係数が固定されれば，第 n 次の係数に対する条件は，すでにえらばれた係数を何ら変えることなく，つねに満足させることができる．

同様な議論が，多くの方程式からなる系に対しても適用されうる．もし，自由な第 n 次係数の数が 0 より小さくはならないならば，その方程式系を，絶対連立可能であるという．このような方程式系のみをとり扱うこととしよう．物理学で用いられる，私の知っているすべての方程式系は，この種のものである．

もう一度方程式(1)を書こう．まず

$$\binom{4}{n-2} = \binom{4}{n} \frac{(n-1)n}{(n+2)(n+3)}$$

$$= \binom{4}{n}\left(1 - \frac{z_1}{n} + \frac{z_2}{n^2} + \cdots\right)$$

であって，ここに $z_1 = +6$ である．

もし n の大きな値のみを考えることにすれば，括弧内の $\dfrac{z_2}{n^2}$ などの項は省略することができて，(1)に対して近似的

に

(1a) $$z \sim \binom{4}{n}\frac{z_1}{n} = \binom{4}{n}\frac{6}{n}$$

を得る。z_1 を "自由度係数" とよぶ。この場合には、6 という値をもっている。この係数が大きければ大きいほど、対応する方程式系は弱いのである。

[第二の例] 空なる空間に対するマックスウェルの方程式

$$\phi^{is}{}_{,s} = 0; \quad \phi_{ik,l} + \phi_{kl,i} + \phi_{li,k} = 0$$

ϕ^{ik} は、交代なテンソル ϕ_{ik} から、

$$g^{ik} = \begin{pmatrix} -1 & & & \\ & -1 & & \\ & & -1 & \\ & & & +1 \end{pmatrix}$$

を用いて共変添字を上げて得られる。

これらは、6 つの場の変数に対する、4+4 個の場の方程式である。これら 8 つの方程式の間には、2 つの恒等式が存在する。もし、場の方程式の左辺を、それぞれ G^i および H_{ikl} で表わせば、その恒等式は

$$G^i{}_{,i} \equiv 0; \quad H_{ikl,m} - H_{klm,i} + H_{lmi,k} - H_{mik,l} = 0$$

という形をもっている。この場合つぎのように推論する。

6つの場の成分のテイラー展開は，第 n 次の

$$6\binom{4}{n}個$$

の係数を与える．これらの第 n 次の係数が満足すべき条件は，1次の8つの方程式を $(n-1)$ 回微分して得られる．したがってこれらの方程式の数は

$$8\binom{4}{n-1}$$

である．しかしながらこれらの条件は互いに独立ではない．なぜなら，8つの方程式の間に，2次の2つの恒等式が存在する．これらは，$(n-2)$ 回微分すれば，場の方程式から得られる条件の間に，

$$2\binom{4}{n-2}個$$

の代数的恒等式を与える．したがって第 n 次の自由な係数の数は

$$z = 6\binom{4}{n} - \left[8\binom{4}{n-1} - 2\binom{4}{n-2}\right]$$

で，z はすべての n に対して正である．このように，この方

程式系は"完全連立可能"である．右辺で $\binom{4}{n}$ という因数をくくり出して，上のように大きな n に対して展開すれば，近似的に

$$z = \binom{4}{n}\left[6-8\frac{n}{n+3}+2\frac{(n-1)n}{(n+2)(n+3)}\right]$$

$$\sim \binom{4}{n}\left[6-8\left(1-\frac{3}{n}\right)+2\left(1-\frac{6}{n}\right)\right]$$

$$\sim \binom{4}{n}\left[0+\frac{12}{n}\right]$$

を得る．したがってここに $z_1=12$ である．これは，この方程式系がスカラー波動方程式の場合（$z_1=6$）よりもより弱く——そしてどの程度に弱く——場を決定するかを示している．いずれの場合にも，括弧内の定数項が0になるという事情は，問題の方程式系が，4つの変数のいかなる関数をも自由にはしておかないという事実を表わしている．

［第三の例］ 空なる空間に対する重力場の方程式

われわれは，これらを

$$R_{ik} = 0; \quad g_{ik,l} - g_{sk}\Gamma^s_{il} - g_{is}\Gamma^s_{lk} = 0$$

の形に書く．R_{ik} は Γ のみを含み，これらに関して1次である．われわれは，g と Γ を独立な場の変数として取り扱う．第二の方程式は，Γ を1階の微分の量として取り扱う

のが便利であることを示している。これは，テイラー展開

$$\Gamma = \underset{0}{\Gamma}+\underset{1}{\Gamma}_s x^s+\underset{2}{\Gamma}_{st} x^s x^t+\cdots$$

において，$\underset{0}{\Gamma}$ を第1次，Γ_s を第2次，…と考えることを意味している。したがって R_{ik} は第2次と考えられなければならない。これらの方程式の間に，4つのビアンキ(L. Bianchi)の恒等式が存在する。上に採用した約束によれば，これらは，第3次のものと考えられるべきである。

一般に，共変な連立方程式のなかに，自由な係数を正しく数えるのに本質的であるところの，1つの事情が現われる。すなわち，一方から他方が単なる座標変換によって得られる場は，同一の場の相異なる表現にすぎないと考えられるべきである。したがって

$$10 \binom{4}{n} 個$$

の，g_{ik} の第 n 次係数の一部分のみが，本質的にことなる場を特性づけるのに役立つのみである。したがって，実際に場を決定する展開係数の数は，いくつか減ずるわけである。われわれはいまやこれを数えなければならない。

g_{ik} に対する変換法則

$$g'_{ik} = \frac{\partial x^a}{\partial x'^i} \frac{\partial x^b}{\partial x'^k} g_{ab}$$

において，g_{ab} と g'_{ik} とは実際同一の場を表わしている。も

しこの方程式を x' に関して n 回微分すれば，4つの関数 x の x' に関する，すべての第 $(n+1)$ 次微分が，g' の展開の第 n 次係数中に入ってくるのに気づく．すなわち場の特性化には何の役割ももたない $4\binom{4}{n+1}$ 個が現われる．したがっていかなる一般相対論的な理論においても，理論の一般共変性を考慮に入れるためには，n 次の係数の総数から，$4\binom{4}{n+1}$ をひかなければならない．このように n 次の自由な係数を数えて，つぎの結果が得られる．

10 個の g_{ik}（0 次微分の量）と 40 個の Γ^l_{ik}（1 次微分の量）は，上に導いた修正を考慮に入れて，ちょうど

$$10\binom{4}{n}+40\binom{4}{n-1}-4\binom{4}{n+1} \text{個}$$

の実質的な n 次の係数を与える．場の方程式（2 次の 10 個と 1 次の 40 個）は，これらに対して

$$N = 10\binom{4}{n-2}+40\binom{4}{n-1} \text{個}$$

の条件を与える．しかしながら，これらの数から，これら N 個の条件の間の恒等式の数，すなわち（3 次の）ビアンキの恒等式から得られる

$$4\binom{4}{n-3} \text{個}$$

の条件をひかなければならない. したがってここに

$$z = \left[10\binom{4}{n}+40\binom{4}{n-1}-4\binom{4}{n+1}\right] \\ - \left[10\binom{4}{n-2}+40\binom{4}{n-1}\right]-4\binom{4}{n-3}$$

を得る. ふたたび因数 $\binom{4}{n}$ をくくり出して, 十分大きな n に対して, 近似的に

$$z \sim \binom{4}{n}\left[0+\frac{12}{n}\right] \quad \text{したがって} \quad z_1 = 12$$

を得る. ここでもまた z は n のすべての値に対して正であり, したがってこの系は上に与えた定義の意味で絶対連立可能である. 空なる空間に対する重力場の方程式が, マックスウェルの方程式が電磁場を定めるのとまったく同じ強さでその場を決定するというのは, 実におどろくべきことである.

相対論的な場の理論

一般的注意

一般相対性理論の本質的な成功は, それが, 物理学を,

"慣性系"(またはいくつかの慣性系)の導入から解放したことにある．この慣性系という考え方は，以下の理由から不満足なものなのである．それは，何らの深い根拠もなしに，考え得るすべての座標系から，ある種の座標系を特別にえらび出す．そして物理学の法則は，このような慣性系に対してのみ成立すると仮定する(たとえば，慣性の法則と光速不変の法則)．したがって，このような空間には，物理学の体系において，それを他のすべての物理学的叙述の要素から区別するような役割が与えられている．それは，すべての過程において1つの決定的な役割を演じ，他に影響されることはない．このような理論は，論理的には可能であるが，他方それは不満足なものである．ニュートンは十分よくこの欠点を知っていた．しかし彼はまた，彼の時代にはその他の道は1つも物理学に対して拓けていなかったこともよく理解していた．それ以後の物理学者のなかで，この点に注意を集中したのは，とくにエルンスト・マッハであった．

物理学の基礎の，ニュートン以後の発展においては，どんな改革が慣性系を克服することを可能としたのであろうか．まず第一に，それは，ファラデイ(M. Faraday)とマックスウェルの電磁場の理論による場の概念の導入と，それにつづくものとであった．またはもっと正確にいえば，それは，独立なそれ以上還元しえない基本的な概念としての場の導入であった．現在判断しうる限りにおいては，一般相対性理論は，場の理論としてのみ考えられる．これは，現実の世界は

付録II 非対称場の相対論　189

互いに力をおよぼしあって動いている質点からなるという見方に固執しつづけたのでは，展開できなかったであろう．もし人がニュートンに，等価原理から慣性質量と重力質量の等しいことを説明しようと試みたならば，彼は当然つぎの反問に答えなければならなかったであろう．物体は，加速された座標系において，重力を及ぼす天体の表面近くで受ける加速度と同じ加速度を受ける．しかし，前者の場合には，加速度を生じさせる質量はどこにあるのか．相対性理論が，場の概念の独立性を仮定していることは明らかである．

　一般相対性理論の建設を可能にした数学的知識を，われわれはガウスとリーマンの幾何学的研究に負っている．ガウスは，その曲面論において，3次元ユークリッド空間中に入れられた曲面の計量的性質を研究し，これらの性質は，曲面それ自身にのみ関係し，それを入れている空間との関係には依存しない概念を用いて記述できることを示した．一般に，曲面上には特別な座標系は存在しないから，この研究ははじめて，曲面に関係する量を一般座標で表わすということを導いた．リーマンは，曲面のこの2次元の理論を，任意の次元の空間へ拡張した（2階の対称テンソル場で特徴づけられるリーマン計量をもった空間）．このすばらしい研究で彼は，高次元計量空間における曲率に対する一般の式を見出した．

　一般相対性理論の建設にとって本質的な数学の理論の，上にのべた発展は，次の結果をもたらした．すなわち，最初リーマンの計量が基本的な概念と考えられ，その上に一般相

対性理論，したがって慣性系の回避が築かれたのである．しかしのちにレビ-チビタは，正しくも，慣性系の回避を可能にするこの理論の本質は，むしろ無限小接続の場 Γ_{ik}^l であることを指摘した．計量，またはそれを定義する対称テンソル場 g_{ik} は，それが 1 つの接続の場を決定するという点で，ただ間接的に慣性系の回避と結びつけられているだけである．以下の考察はこの点を明らかにするであろう．

1 つの慣性系から他の慣性系へ移ることは，(1 つの特殊な種類の) 1 次変換によって決定される．もし 2 つの任意の距離だけはなれた点 P_1 と P_2 とに，それぞれその対応する成分が同じであるような ($A^i_1 = A^i_2$)，ベクトル A^i_1 と A^i_2 が存在すれば，この関係は 1 つの許容しうる変換でそのままもたれる．もし，変換公式

$$A^{i^*} = \frac{\partial x^{i^*}}{\partial x^a} A^a$$

において，係数 $\dfrac{\partial x^{i^*}}{\partial x^a}$ が x^a を含んでいなければ，ベクトルの成分に対する変換法則は，位置に無関係である．したがって，異なる点 P_1 と P_2 における 2 つのベクトルの成分が等しいという関係は，慣性系のみを考えることにすれば，不変な関係である．しかしながら，もし，慣性系という概念を放棄し，任意の連続な座標変換を許すこととすれば，$\dfrac{\partial x^{i^*}}{\partial x^a}$ は x^a に関係し，空間の 2 つの異なる点につけられた 2 つのベクトルの成分が等しいという関係は，その不変の意味を失ってしまう．したがって異なる点におけるベクトルはもはや直

接には比較できない．一般相対性理論においては，もはや単なる微分によっては，与えられたテンソルから新しいテンソルを作ることはできず，このような理論のなかには，不変式の作り方が前ほど多くないというのは，この事実によるのである．このようにその作り方が少ないという点は，無限小接続の場の導入によって改良される．それは，無限に近い点におけるベクトルの比較を可能にするという点で，慣性系に代るものである．この概念から出発して，以下に，われわれの目的にとって不必要なものは注意深く除外しながら，相対論的な場の理論を紹介しよう．

無限小接続の場 Γ

（座標が x^t の）点 P における反変ベクトル A^i に，それに無限に近い点 x^t+dx^t におけるベクトル $A^i+\delta A^i$ を，双 1 次形式

(2) $$\delta A^i = -\Gamma^i_{st} A^s dx^t$$

によって結びつける．ここに Γ は x の関数である．他方もし A がベクトル場であれば，点 x^t+dx^t における A^i の成分は，A^i+dA^i に等しく，ここに*

$$dA^i = A^i{}_{,t} dx^t$$

---

* 前と同様 "$,_i$" は，普通の微分 $\dfrac{\partial}{\partial x^i}$ を表わす．

である．近い点 $x^t + dx^t$ における，これら2つのベクトルの差は，それ自身ベクトル

$$(A^i{}_{,t} + A^s \Gamma^t_{st}) dx^t \equiv A^i{}_t dx^t$$

であって，2つの無限に近い点におけるベクトル場の成分を結ぶものである．接続の場は，前には慣性系が与えていたこの関係を与えるという意味で，慣性系の代りをするものである．簡単のために $A^i{}_t$ とかいた括弧のなかの式は，1つのテンソルである．

$A^i{}_t$ のテンソル性は，Γ に対する変換法則を決定する．まず

$$A^{i^*}_{k^*} = \frac{\partial x^{i^*}}{\partial x^i} \frac{\partial x^k}{\partial x^{k^*}} A^i{}_k$$

が成り立つべきである．2つの座標系に対して同一の添え字を用いるのは，それらが対応する成分に関するものであるということを意味しない．すなわち x^i における i と x^{i^*} における i^* とは独立に1から4まで変わる．少し慣れれば，この記法は，方程式を非常に見やすいものにする．さて，

$A^{i^*}_{k^*}$ を $A^{i^*}{}_{,k^*} + A^{s^*} \Gamma^i_{s^* k^*}$ で

$A^i{}_k$ を $A^i{}_{,k} + A^s \Gamma^i_{sk}$ で

おきかえ，さらに

A^{i^*} を $\dfrac{\partial x^{i^*}}{\partial x^i} A^i$ で，$\dfrac{\partial}{\partial x^{k^*}}$ を $\dfrac{\partial x^k}{\partial x^{k^*}} \dfrac{\partial}{\partial x^k}$

でおきかえる.これによって,Γ^* を別にすれば,もとの座標系における場の量と,もとの座標系の x に関する微分のみを含む方程式が導かれる.この方程式を Γ^* に関して解けば,求める変換法則

(3)
$$\Gamma^{i^*}_{k^*l^*} = \frac{\partial x^{i^*}}{\partial x^i}\frac{\partial x^k}{\partial x^{k^*}}\frac{\partial x^l}{\partial x^{l^*}}\Gamma^i_{kl} - \frac{\partial^2 x^{i^*}}{\partial x^s \partial x^t}\frac{\partial x^s}{\partial x^{k^*}}\frac{\partial x^t}{\partial x^{l^*}}$$

を得る.この(右辺の)第2項は少し簡単にすることができる.

(3a)
$$\begin{aligned}-\frac{\partial^2 x^{i^*}}{\partial x^s \partial x^t}\frac{\partial x^s}{\partial x^{k^*}}\frac{\partial x^t}{\partial x^{l^*}} &= -\frac{\partial}{\partial x^{l^*}}\left(\frac{\partial x^{i^*}}{\partial x^s}\right)\frac{\partial x^s}{\partial x^{k^*}} \\ &= -\frac{\partial}{\partial x^{l^*}}\left(\frac{\partial x^{i^*}}{\partial x^{k^*}}\right) \\ &\quad + \frac{\partial x^{i^*}}{\partial x^s}\frac{\partial^2 x^s}{\partial x^{k^*}\partial x^{l^*}} \\ &= \frac{\partial x^{i^*}}{\partial x^s}\frac{\partial^2 x^s}{\partial x^{k^*}\partial x^{l^*}}\end{aligned}$$

(3)のような変換をする量を擬テンソルとよぶ.1次変換のもとでは,それはテンソルのように変換する.しかし1次でない変換に対しては,1つの項がつけ加わる.そしてこの項は,変換されるべき量は1つも含まず,ただ座標変換の係数にのみ関係する.

接続の場に関する注意

1. 下の添え字の位置をとりかえて得られる量 $\tilde{\Gamma}^i_{kl}(\equiv \Gamma^i_{lk})$ もまた，(3)にしたがって変換する．したがってこれもまた，1つの接続の場である．

2. 方程式(3)の下の添え字 k^* と l^* に関する対称部分と交代部分をとることによって，2つの方程式

$$\Gamma^{i^*}_{\underline{k^*l^*}}\left(=\frac{1}{2}(\Gamma^{i^*}_{k^*l^*}+\Gamma^{i^*}_{l^*k^*})\right)=\frac{\partial x^{i^*}}{\partial x^i}\frac{\partial x^k}{\partial x^{k^*}}\frac{\partial x^l}{\partial x^{l^*}}\Gamma^i_{\underline{kl}}$$
$$-\frac{\partial^2 xx^{i^*}}{\partial x^s \partial x^t}\frac{\partial x^s}{\partial x^{k^*}}\frac{\partial x^t}{\partial x^{l^*}}$$

$$\Gamma^{i^*}_{\underset{\smile}{k^*l^*}}\left(=\frac{1}{2}(\Gamma^{i^*}_{k^*l^*}-\Gamma^{i^*}_{l^*k^*})\right)=\frac{\partial x^{i^*}}{\partial x^i}\frac{\partial x^k}{\partial x^{k^*}}\frac{\partial x^l}{\partial x^{l^*}}\Gamma^i_{\underset{\smile}{kl}}$$

を得る．したがって Γ^i_{kl} の2つの(対称および交代)部分は，互いに独立に，すなわち混らないで変換する．したがってこれらは，変換法則という見地からは，独立な量として現われる．第二の方程式は，$\Gamma^i_{\underset{\smile}{kl}}$ が1つのテンソルとして変換することを示している．したがって変換群という見地からは，最初は，これら2つの要素を加えてただ1つの量とするのは不自然であると思われる．

3. 他方 Γ の下の添え字は，それを定義する式(2)においてまったく異なる役割を演ずる．したがって，Γ をその下の添え字に関して対称であるという条件でしばる強い理由は1つもない．もし，それにもかかわらずそうしたとすれば，われわれは純粋な重力場の理論にみちび

かれる．しかしながら，もし Γ に制限的な対称の条件をおかなければ，重力の法則の，私には自然に思われる拡張に達する．

曲率テンソル

Γ 場それ自身はテンソル性をもっていないけれども，それは1つのテンソルの存在を導く．このテンソルは，1つのベクトル A^i を，(2)によって，1つの無限小2次元曲面の周にそって移動し，それを1周したときの変化を計算することによって容易に得られる．

x_0^t を1つの定点の座標，x^t を周の上の他の点の座標とする．そうすれば $\xi^t = x^t - x_0^t$ は，周上のすべての点に対して小さく，無限小量の次数の定義の基礎として採用することができる．

計算すべき積分 $\oint \delta A^i$ は，もっとはっきり書けば

$$-\oint \underline{\Gamma_{st}^i} \underline{A^s} dx^t \quad \text{または} \quad -\oint \underline{\Gamma_{st}^i} \underline{A^s} d\xi^t$$

である．ここに被積分関数中の量の下に線をひいたものは，これらが周上の次々の点でとる値である（そして最初の $\xi^t = 0$ でとるものではない）ことを示すものである．

われわれは最初，この周上の任意の点 ξ^t における $\underline{A^i}$ の値を最低の近似において計算する．この最低の近似は，ここでは1つの開いた道に沿ってとられた積分のなかで，$\underline{\Gamma_{st}^i}$ と $\underline{A^s}$ とを，積分の最初の点（$\xi^t = 0$）に対する値 Γ_{st}^i と A^s とで

おきかえることによってえられる．そのとき積分は

$$\underline{A^i} = A^i - \Gamma^i_{st} A^s \int d\xi^t = A^i - \Gamma^i_{st} A^s \xi^t$$

を与える．ここで無視されているのは，ξの2次および高次の項である．同じ近似の程度で，ただちに

$$\underline{\Gamma^i_{st}} = \Gamma^i_{st} + \Gamma^i_{st,r} \xi^r$$

を得る．これらの式を上の積分に代入して，まず総和する添え字を適当にとることによって

$$-\oint (\Gamma^i_{st} + \Gamma^i_{st,q} \xi^q)(A^s - \Gamma^s_{pq} A^p \xi^q) d\xi^t$$

を得る．ここにξを除くすべての量は，積分の出発点でとられるべきものである．したがって

$$-\Gamma^i_{st} A^s \oint d\xi^t - \Gamma^i_{st,q} A^s \oint \xi^q d\xi^t + \Gamma^i_{st} \Gamma^s_{pq} A^p \oint \xi^q d\xi^t$$

を得る．ここに積分は閉じた周にわたるものとする（その積分は0となってしまうので，第1項は消えてしまう）．$(\xi)^2$ に比例する項は，高次の項であるから落してしまう．他の2つの項は，

$$[-\Gamma^i_{pt,q} + \Gamma^i_{st} \Gamma^s_{pq}] A^p \oint \xi^q d\xi^t$$

とまとめることができる．これが，周に沿って1まわりしたのちの，ベクトル A^i の変化 ΔA^i である．ところが

$$\oint \xi^q d\xi^t = \oint d(\xi^q \xi^t) - \oint \xi^t d\xi^q = -\oint \xi^t d\xi^q$$

である.このように,この積分はtとqに関して交代であり,しかもテンソル性をもっている.これを$f^{tq}_{\vee}$と書く.もしf^{tq}が任意のテンソルであれば,ΔA^iのベクトル性は,上の公式中での括弧内の量のテンソル性を導くであろう.しかしながら,$f^{tq}_{\vee}$は交代であるから,これをtとqに関して交代化したときのみ,括弧内の式のテンソル性を推論し得る.これは曲率テンソル

(4) $\quad R^i_{klm} \equiv \Gamma^i_{kl,m} - \Gamma^i_{km,l} - \Gamma^i_{sl}\Gamma^s_{km} + \Gamma^i_{sm}\Gamma^s_{kl}$

である.すべての添え字の位置はこのように定める.lとmに関して縮約することによって,縮約された曲率テンソル

(4a) $\quad R_{ik} \equiv \Gamma^s_{ik,s} - \Gamma^s_{is,k} - \Gamma^s_{it}\Gamma^t_{sk} + \Gamma^s_{ik}\Gamma^t_{st}$

を得る.

λ 変換

この曲率は,以下で重要になる1つの性質をもっている.接続の場Γに対して,公式

(5) $\qquad {}^*\Gamma^l_{ik} = \Gamma^l_{ik} + \delta^l_i \lambda_{,k}$

によって1つの新しい${}^*\Gamma$を定義することができる.ここにλは座標の任意の関数であって,δ^l_iはクロネッカー・テン

ソルである(これを "λ変換" という). $^*\Gamma$ を(5)の右辺でおきかえて $R^i_{klm}(^*\Gamma)$ を計算すれば, λは消えて

(6) $$\begin{cases} R^i_{klm}(^*\Gamma) = R^i_{klm}(\Gamma) \\ R_{ik}(^*\Gamma) = R_{ik}(\Gamma) \end{cases}$$

を得る. すなわち曲率はλ変換のもとで不変である(これを "λ不変性" という). したがって, Γ を, その曲率テンソルのみを通して含んでいる理論は, Γ 場を完全に決定することはできず, 任意に残る関数λをのぞいてのみ決定される. このような理論においては, Γ と $^*\Gamma$ とは, $^*\Gamma$ が単に座標の変換によって Γ から得られたときのように, 同一の場の表現とみなされるべきである.

λ変換は, 座標の変換とちがって, i と k に関して対称であった Γ から, 対称でない $^*\Gamma$ を作る点は注目に値する. このような理論では, Γ に対する対称条件は, その客観的意味を失ってしまう.

λ不変性の主な意味は, 後にみるように, それが場の方程式系の "強さ" に影響をもつという点である.

"転置不変性" の要求

非対称場の導入は, つぎの困難に遭遇する. もし Γ^l_{ik} が1つの接続の場であれば, $\tilde{\Gamma}^l_{ik}(=\Gamma^l_{ki})$ もそうである. もし g_{ik} がテンソルであれば, $\tilde{g}_{ik}(=g_{ki})$ もそうである. これから, 非常に多くの共変的な構成法がみちびかれ, 相対性原理

のみにもとづいたのでは、そのうちから1つの選択をすることは不可能である。この困難を1つの例によって示そう。そしてそれがいかに自然に克服されるかを示そう。

対称場の理論においては、テンソル

$$(W_{ikl} \equiv) \, g_{ik,l} - g_{sk}\Gamma_{il}^s - g_{is}\Gamma_{lk}^s$$

が1つの重要な役割を演ずる。もしこれを0とおけば、Γをgで表わす、すなわちΓを消去することができる方程式を得る。(1)前に証明したように、$A^i{}_t \equiv A^i{}_{,t} + A^s\Gamma_{st}^i$が1つのテンソルであるという事実、および(2)任意の反変テンソルは$\sum_t A^i_{(t)} B^k_{(t)}$の形にかかれるという事実から出発して、上の式が、場gとΓがもはや対称でない場合でも、テンソル性をもつことが容易に証明できる。

しかしながらこの後者の場合には、たとえば最後の項でΓ_{lk}^sが転置されても、すなわちΓ_{kl}^sでおきかえられても、このテンソル性は失なわれない(これは、$g_{is}(\Gamma_{kl}^s - \Gamma_{lk}^s)$がテンソルであるという事実から得られる)。それほど簡単ではないが、テンソル性を保ち、上の式の非対称場の場合への拡張とみなされうるところの、他の構成法も存在する。したがって、上の式を0とおいて得られるgとΓとの間の関係を非対称場へ拡張しようと思えば、これは、1つの任意の選択を含んでいると思われる。

しかしながら上の構成法は、他の可能な構成法とは異なる1つの性質をもっている。ここで、同時にg_{ik}を$\tilde{g}_{ik}$で、

Γ_{ik}^l を $\tilde{\Gamma}_{ik}^l$ でおきかえて,添え字 i と k を交換すれば,それはそれ自身に変換する.それは,添え字 i と k に関して"転置対称"である.この式を 0 とおいて得られる方程式は"転置不変"である.もし g と Γ が対称の場合にも,この条件はもちろん満足されている.これは場の量が対称であるという条件の拡張である.

われわれは非対称な場の,場の方程式に対して,それらが転置不変であるということを仮定する.この仮定は,物理学的にいえば,正の電気と負の電気が物理学の法則のなかに対称的に入ってくるという要請に対応するものであると私は思う.

(4a) を一目みれば,これは,テンソル R_{ik} が完全には転置不変ではないことを示している.なぜならそれは,転置によって

(4b) $\quad (^*R_{ik} =)\ \Gamma_{ik,s}^s - \Gamma_{sk,i}^s - \Gamma_{it}^s \Gamma_{sk}^t + \Gamma_{ik}^s \Gamma_{ts}^t$

に変わるからである.この事情は,転置不変な場の方程式をたてようとする人が遭遇する困難のもとになっているのである.

擬テンソル U_{ik}^l

しかし,Γ_{ik}^l の代りにいささか異なった擬テンソル U_{ik}^l を導入することによって,R_{ik} から転置対称なテンソルを作りうることがわかる.(4a) において,Γ に関し 1 次であ

る2つの項を形式的に1つにまとめることができる. $\Gamma^s_{ik,s} - \Gamma^s_{is,k}$ を $(\Gamma^s_{ik} - \Gamma^t_{it}\delta^s_k)_{,s}$ でおきかえて, 新しい擬テンソル U^l_{ik} を

(7) $$U^l_{ik} \equiv \Gamma^l_{ik} - \Gamma^t_{it}\delta^l_k$$

で定義する.

$$U^t_{it} = -3\Gamma^t_{it}$$

であることは, (7)から k と l に関する縮約によってわかるから, U を用いて Γ に対する次の式

(7a) $$\Gamma^l_{ik} = U^l_{ik} - \frac{1}{3}U^t_{it}\delta^l_k$$

を得る. これらを(4a)に代入して, U を用いて表わした, 縮約された曲率テンソルに対して

(8) $$S_{ik} \equiv U^s_{ik,s} - U^s_{it}U^t_{sk} + \frac{1}{3}U^s_{is}U^t_{tk}$$

を得る. しかしながらこの式は転置対称である. 擬テンソル U を, 非対称場の理論に対してこれほど重要なものとするのは, この事実なのである.

U に対する λ 変換 (5)で Γ を U でおきかえれば, 簡単な計算で

(9) $$*U^l_{ik} = U^l_{ik} + (\delta^l_i \lambda_{,k} - \delta^l_k \lambda_{,i})$$

を得る. この方程式は, U に対する λ 変換を定義する. (8)

はこの変換に対して不変である．すなわち $S_{ik}(^*U)=S_{ik}(U)$.

U の変換法則 (3)と(3a)において，(7a)を用いて Γ を U でおきかえれば，

(10)
$$U_{i^*k^*}^{l^*} = \frac{\partial x^{l^*}}{\partial x^l}\frac{\partial x^i}{\partial x^{i^*}}\frac{\partial x^k}{\partial x^{k^*}}U_{ik}^l + \frac{\partial x^{l^*}}{\partial x^s}\frac{\partial^2 x^s}{\partial x^{i^*}\partial x^{k^*}}$$
$$-\delta_{k^*}^{l^*}\frac{\partial x^{t^*}}{\partial x^s}\frac{\partial^2 x^s}{\partial x^{i^*}\partial x^{t^*}}$$

を得る．ここでふたたび，両方の座標系に関する添え字として同じ文字が用いられてはいるが，これらは互いに独立に1から4までのすべての値をとることに注意されたい．この方程式に関して，最後の項があるために，それが添え字 i と k に関して転置対称ではないという点は注意を要する．この奇妙な事情は，この変換が転置対称座標変換と λ 変換を組み合わせたものと見なせるという証明によって明らかにすることができる．これをみるためにはまず，最後の項を

(10a)
$$-\frac{1}{2}\left[\delta_{k^*}^{l^*}\frac{\partial x^{t^*}}{\partial x^s}\frac{\partial^2 x^s}{\partial x^{i^*}\partial x^{t^*}} + \delta_{i^*}^{l^*}\frac{\partial x^{t^*}}{\partial x^s}\frac{\partial^2 x^s}{\partial x^{k^*}\partial x^{t^*}}\right]$$
$$+\frac{1}{2}\left[\delta_{i^*}^{l^*}\frac{\partial x^{t^*}}{\partial x^s}\frac{\partial^2 x^s}{\partial x^{k^*}\partial x^{t^*}} - \delta_{k^*}^{l^*}\frac{\partial x^{t^*}}{\partial x^s}\frac{\partial^2 x^s}{\partial x^{i^*}\partial x^{t^*}}\right]$$

の形にかく．これら2つの項の第1項は，転置対称である．これを(10)の右辺の最初の2つの項と結合して式 $^*K_{ik}^l$ としよう．さて，変換

$$^*U_{ik}^l = K_{ik}^l$$

に λ 変換

$$^{**}U_{ik}^l = {}^*U_{ik}^l + \delta_{i^*}^{l^*}\lambda_{,k^*} - \delta_{k^*}^{l^*}\lambda_{,i^*}$$

をひき続いて行なえば何が得られるかを考えよう．これらを結合したものは，

$$^{**}U_{ik}^l = {}^*K_{ik}^l + (\delta_{i^*}^{l^*}\lambda_{,k^*} - \delta_{k^*}^{l^*}\lambda_{,i^*})$$

を与える．これから，(10)は，(10a)の第 2 項が $\delta_{i^*}^{l^*}\lambda_{,k^*} - \delta_{k^*}^{l^*}\lambda_{,i^*}$ の形に直せるとすれば，このような結合と見なせることがわかる．そのためには，

(11)
$$\frac{1}{2}\frac{\partial x^{t^*}}{\partial x^s}\frac{\partial^2 x^s}{\partial x^{k^*}\partial x^{t^*}} = \lambda_{,k^*}$$

$$\left(\text{および}\quad \frac{1}{2}\frac{\partial x^{t^*}}{\partial x^s}\frac{\partial^2 x^s}{\partial x^{i^*}\partial x^{t^*}} = \lambda_{,i^*}\right)$$

となるような λ が存在することを示せばよい．現在まだ仮定であるところの方程式の左辺を変形するために，まず $\dfrac{\partial x^{t^*}}{\partial x^s}$ をその逆変換の係数 $\dfrac{\partial x^a}{\partial x^{b^*}}$ で表わさなければならない．一方

(a) $$\frac{\partial x^p}{\partial x^{t^*}}\frac{\partial x^{t^*}}{\partial x^s} = \delta_s^p$$

他方

$$\frac{\partial x^p}{\partial x^{t^*}} V^s{}_{t^*} = \frac{\partial x^p}{\partial x^{t^*}} \frac{\partial D}{\partial \left(\frac{\partial x^s}{\partial x^{t^*}}\right)} = D\delta^p_s$$

である．ここに $V^s{}_{t^*}$ は $\frac{\partial x^s}{\partial x^{t^*}}$ の余因数を表わし，したがって行列式 $D = \left|\frac{\partial x^a}{\partial x^{b^*}}\right|$ の $\frac{\partial x^s}{\partial x^{t^*}}$ に関する微係数で表わされる．したがってまた

(b) $$\frac{\partial x^p}{\partial x^{t^*}} \frac{\partial \log D}{\partial \left(\frac{\partial x^s}{\partial x^{t^*}}\right)} = \delta^p_s$$

である．(a)と(b)から

$$\frac{\partial x^{t^*}}{\partial x^s} = \frac{\partial \log D}{\partial \left(\frac{\partial x^s}{\partial x^{t^*}}\right)}$$

であることがわかる．この関係によれば，(11)の左辺は

$$\frac{1}{2} \frac{\partial \log D}{\partial \left(\frac{\partial x^s}{\partial x^{t^*}}\right)} \left(\frac{\partial x^s}{\partial x^{t^*}}\right)_{,k^*} = \frac{1}{2} \frac{\partial \log D}{\partial x^{k^*}}$$

とかかれる．これから，(11)は実際

$$\lambda = \frac{1}{2} \log D$$

で満足されることがわかる．これは，変換(10)が，転置対称変換

(10b)
$$^*U_{ik}^l = \frac{\partial x^{l^*}}{\partial x^l}\frac{\partial x^i}{\partial x^{i^*}}\frac{\partial x^k}{\partial x^{k^*}}U_{ik}^l + \frac{\partial x^{l^*}}{\partial x^s}\frac{\partial^2 x^s}{\partial x^{i^*}\partial x^{k^*}}$$
$$-\frac{1}{2}\left[\delta_{k^*}^{l^*}\frac{\partial x^{t^*}}{\partial x^s}\frac{\partial^2 x^s}{\partial x^{i^*}\partial x^{t^*}} + \delta_{i^*}^{l^*}\frac{\partial x^{t^*}}{\partial x^s}\frac{\partial^2 x^s}{\partial x^{k^*}\partial x^{t^*}}\right]$$

と, 1つの λ 変換を結合したものと見なせることを証明する. したがって, (10b)を, U に対しての変換法則として (10)の代りに採用しうる. 単に表現の形をかえるのみの U 場の任意の変換は, (10b)による座標変換と1つの λ 変換とを組み合わせたものとして表わせる.

変分原理と場の方程式

場の方程式を1つの変分原理から導くことには, 得られる連立方程式の無矛盾性が保証され, 一般共変性と結ばれた恒等式 "ビアンキの恒等式" と保存則とが組織的に導かれるという利点がある.

変分を行なうべき積分は, 被積分関数 $\mathfrak{G}$ として1つのスカラー密度を要請する. このような密度を R_{ik} と S_{ik} とから組み立てよう. 最も簡単な方法は, Γ または U に加えて, 重さ1の反変テンソル密度 $\mathfrak{g}^{ik}$ を導入し,

(12) $$\mathfrak{G} = \mathfrak{g}^{ik}R_{ik}\,(=\mathfrak{g}^{ik}S_{ik})$$

とおくことである. $\mathfrak{g}^{ik}$ の変換法則は

(13) $$\mathfrak{g}^{i^*k^*} = \frac{\partial x^{i^*}}{\partial x^i} \frac{\partial x^{k^*}}{\partial x^k} \mathfrak{g}^{ik} \left| \frac{\partial x^t}{\partial x^{t^*}} \right|$$

でなければならない．ここにふたたび，異なる座標系に関する添え字は，同じ文字が用いられてはいるが，互いに独立なものとして取り扱うべきである．事実

$$\int \mathfrak{G}^* d\tau^*$$
$$= \int \frac{\partial x^{i^*}}{\partial x^i} \frac{\partial x^{k^*}}{\partial x^k} \mathfrak{g}^{ik} \left| \frac{\partial x^t}{\partial x^{t^*}} \right| \cdot \frac{\partial x^s}{\partial x^{i^*}} \frac{\partial x^t}{\partial x^{k^*}} R_{st} \left| \frac{\partial x^{r^*}}{\partial x^r} \right| d\tau$$
$$= \int \mathfrak{G} d\tau$$

を得て，積分は変換で不変である．さらに，積分は，λ変換(5)または(9)に関して不変である．なぜなら，それぞれ Γ または U で表わされた R_{ik}, したがって $\mathfrak{G}$ は，λ変換に関して不変であるからである．これから，また，$\int \mathfrak{G} d\tau$ の変分によって導かれる場の方程式は，座標変換とλ変換に関して共変であることがわかる．

さらに，場の方程式は，2つの場 $\mathfrak{g}$ と Γ, または場 $\mathfrak{g}$ と U に関して転置不変であると仮定する．これは，もし $\mathfrak{G}$ が転置不変であれば保証される．R_{ik} は，U で表わせば転置対称であるが，Γ で表わせば転置対称ではないのをみた．したがって $\mathfrak{G}$ は，$\mathfrak{g}^{ik}$ に加えて(Γ でなく)U を場の変数として導入したときにのみ転置不変である．この場合には，場の変数の変分によって $\int \mathfrak{G} d\tau$ から導かれる場の方程式が転置不変であることが，はじめからたしかなのである．

$\mathfrak{g}$ と U に関する $\mathfrak{G}$ の変分によって(方程式(12)と(8))

(14) $$\begin{cases} \delta\mathfrak{G} = S_{ik}\delta\mathfrak{g}^{ik} - \Re^{ik}{}_l\,\delta U_{ik}^l + (\mathfrak{g}^{ik}\delta U_{ik}^s)_{,s} \\ \text{ここに}\quad S_{ik} = U_{ik,s}^s - U_{it}^s U_{sk}^t + \frac{1}{3}U_{is}^s U_{tk}^t \\ \Re^{ik}{}_l = \mathfrak{g}^{ik}{}_{,l} + \mathfrak{g}^{sk}\left(U_{sl}^i - \frac{1}{3}U_{st}^t\delta_l^i\right) \\ \qquad\qquad + \mathfrak{g}^{is}\left(U_{ls}^k - \frac{1}{3}U_{ts}^t\delta_l^k\right) \end{cases}$$

を得る.

場の方程式

変分原理は,

(15) $$\delta\left(\int\mathfrak{G}d\tau\right) = 0$$

である.

$\mathfrak{g}^{ik}$ と U_{ik}^l は独立に変化するものとし,その変分は積分領域の境界では消えるものとする.この変分は,まず第一に,

$$\int\delta\mathfrak{G}d\tau = 0$$

を与える.

(14)で与えられる式をこれに代入すれば,$\delta\mathfrak{G}$ に対する式中の最後の項は,なんらの寄与も与えない.なぜなら δU_{ik}^l は境界で 0 となるからである.したがって場の方程式

(16a) $$S_{ik} = 0$$

(16b) $$\mathfrak{R}^{ik}{}_l = 0$$

を得る．これらは，——その変分原理の選び方からすでに明らかなように，——座標変換と λ 変換に関して不変であり，しかもまた転置不変である．

恒 等 式

これらの場の方程式は，互いに独立ではない．それらの間には 4+1 個の恒等式が存在する．すなわち，それらの左辺の間には，$\mathfrak{g}$-U 場が，場の方程式を満足するしないにかかわらず成立するところの，4+1 個の方程式が存在する．

これらの恒等式は，$\int \mathfrak{G} d\tau$ が座標変換と λ 変換に関して不変であるという事実から，良く知られた方法によって導かれる．

なぜなら，$\int \mathfrak{G} d\tau$ の不変性から，それぞれ無限小の座標変換または無限小の λ 変換から起こる変分 $\delta \mathfrak{g}$ と δU を $\delta \mathfrak{G}$ に代入すれば，恒等的に 0 となるからである．

無限小の座標変換は

(17) $$x^{i^*} = x^i + \xi^i$$

で表わされる．ここに ξ^i は 1 つの任意の無限小のベクトルである．方程式 (13) と (10a) を用いて，$\delta \mathfrak{g}^{ik}$ と δU^l_{ik} とを ξ^i

によって表わさなければならない．(17)によって，

$\dfrac{\partial x^{a^*}}{\partial x^b}$ を $\delta^a_b + \xi^a{}_{,b}$ で， $\dfrac{\partial x^a}{\partial x^{b^*}}$ を $\delta^a_b - \xi^a{}_{,b}$ で

おきかえ，ξ に関して第1次以上の高次の項を無視しなければならない．こうして

(13a)
$$\delta\mathfrak{g}^{ik}\,(=\mathfrak{g}^{i^*k^*}-\mathfrak{g}^{ik})$$
$$=\mathfrak{g}^{sk}\xi^i{}_{,s}+\mathfrak{g}^{is}\xi^k{}_{,s}-\mathfrak{g}^{ik}\xi^s{}_{,s}[-\mathfrak{g}^{ik}{}_{,s}\xi^s]$$

(13b)
$$\delta U^l_{ik}\,(=U^{l^*}_{i^*k^*}-U^l_{ik})$$
$$=U^s_{ik}\xi^l{}_{,s}-U^l_{sk}\xi^s{}_{,i}-U^l_{is}\xi^s{}_{,k}+\xi^l{}_{,ik}+[-U^l_{ik,s}\xi^s]$$

を得る．ここでつぎのことに注意されたい．この変換公式は，連続体の同一点に対する，場の変数の新しい値を与える．上に示した計算は，まず，$\delta\mathfrak{g}^{ik}$ と δU^l_{ik} とに対する，括弧内の項のない式を与える．他方，変分の計算においては，$\delta\mathfrak{g}^{ik}$ と δU^l_{ik} とは，座標の固定された値に対する変分を示している．これらを得るためには，括弧内の項をつけ加えなければならない．

もしこれらの "変換変分" $\delta\mathfrak{g}$ と δU とを(14)のなかへ代入すれば，積分 $\int\mathfrak{G}d\tau$ の変分は恒等的に0となる．もし，さらに，それらが積分領域の境界で第1次微分とともに0になるように ξ^i が選ばれていたとすれば，(14)の最後の項

は何らの影響も与えない．したがって，積分

$$\int (S_{ik}\delta\mathfrak{g}^{ik} - \mathfrak{R}^{ik}{}_l \delta U^l_{ik})d\tau$$

は，もし $\delta\mathfrak{g}^{ik}$ と δU^l_{ik} とを式(13a)と(13b)とでおきかえれば，恒等的に 0 となる．この積分は，ξ^i とその微分とに，1次かつ斉次に関係するから，それは，部分積分をくりかえすことによって

$$\int \mathfrak{W}_i \xi^i d\tau$$

の形に直される．ここに $\mathfrak{W}_i$ は，(S_{ik} に関して 1 次，$\mathfrak{R}^{ik}{}_l$ に関して 2 次の) 1 つの知られた式である．これから，恒等式

(18) $$\mathfrak{W}_i \equiv 0$$

が得られる．これは，場の方程式の左辺 S_{ik} と $\mathfrak{R}^{ik}{}_l$ に対する 4 つの恒等式であって，ビアンキの恒等式に対応している．前に導入した言葉づかいによれば，これらの恒等式は 3 次のそれである．

積分 $\int \mathfrak{G} d\tau$ の無限小 λ 変換に関する不変性に対応する，第五の恒等式が存在する．この場合には，(14)に

$$\delta\mathfrak{g}^{ik} = 0, \quad \delta U^l_{ik} = \delta^l_i \lambda_{,k} - \delta^l_k \lambda_{,i}$$

を代入しなければならない．ここに λ は無限小であって，積分領域の境界で 0 となる．まず最初に

$$\int \mathfrak{R}^{ik}{}_l(\delta^l_i \lambda_{,k} - \delta^l_k \lambda_{,i})d\tau = 0$$

または,部分積分を行なって

$$2\int \mathfrak{R}^{is}_{\vee\ s,i} \lambda d\tau = 0$$

を得る(ここに,一般に $\mathfrak{R}^{ik}_{\vee\ l} = \dfrac{1}{2}(\mathfrak{R}^{ik}{}_l - \mathfrak{R}^{ki}{}_l)$ である).

これは,求める恒等式

(19) $\qquad\qquad \mathfrak{R}^{is}_{\vee\ s,i} \equiv 0$

を与える.われわれの言葉づかいによれば,これは2次の恒等式である. $\mathfrak{R}^{is}_{\vee\ s}$ に対しては,(14)から直接の計算によって

(19a) $\qquad\qquad \mathfrak{R}^{is}_{\vee\ s} \equiv \mathfrak{R}^{is}_{\vee\ ,s}$

を得る.このように,もし場の方程式(16b)が満足されれば,

(16c) $\qquad\qquad \mathfrak{g}^{is}_{\vee\ ,s} = 0$

を得る.

物理的解釈に対する注意 マックスウェルの電磁場の理論との比較は,(16c)が磁流密度の消失を表わしているという解釈を暗示する.もしこれが認められれば,どの式が電流密度を表わすべきかは明らかである.われわれはテンソル密度 $\mathfrak{g}^{ik}$ に,1つのテンソル g^{ik} を

$$\tag{20} \mathfrak{g}^{ik} = g^{ik}\sqrt{-|g_{st}|}$$

とおいて結びつけることができる．ここに共変テンソル g_{ik} は，反変テンソルと

$$\tag{21} g_{is}g^{ks} = \delta_i^k$$

で関係づけられている．これら2つの方程式から，

$$g^{ik} = \mathfrak{g}^{ik}(-|\mathfrak{g}^{st}|)^{-\frac{1}{2}}$$

を得る．したがって方程式(21)から g_{ik} を得る．したがって

$$\tag{22} (a_{ikl}) = g_{i\underset{\vee}{k},l} + g_{k\underset{\vee}{l},i} + g_{l\underset{\vee}{i},k}$$

または

$$\tag{22a} \mathfrak{a}^m = \frac{1}{6}\eta^{iklm}a_{ikl}$$

が電流密度を表わすと仮定することができる．ここに η^{iklm} は(成分 ± 1 をもった)すべての添え字に対して交代なレビ-チビタのテンソル密度である．この量の発散は恒等的に0である．

方程式系(16a), (16b)の強さ

ここで上に説明した数え方を適用するにあたって，与えられた U から(9)の形の λ 変換によって得られるすべての *U

は，実際同一の U 場を表わすという事実を考慮に入れなければならない．これは，U_{ik}^l 展開の第 n 次係数は，λ の $\begin{pmatrix} 4 \\ n \end{pmatrix}$ 個の n 次微分を含むという影響を与える．そしてその選択は，実際にちがう U 場の区別に何の影響も与えない．このように，U 場を数えるのに必要な展開係数の数は，$\begin{pmatrix} 4 \\ n \end{pmatrix}$ だけ減少する．この数え方によって，自由な n 次の係数の数に対して

(23)
$$z = \left[16 \begin{pmatrix} 4 \\ n \end{pmatrix} + 64 \begin{pmatrix} 4 \\ n-1 \end{pmatrix} - 4 \begin{pmatrix} 4 \\ n+1 \end{pmatrix} - \begin{pmatrix} 4 \\ n \end{pmatrix} \right]$$
$$- \left[16 \begin{pmatrix} 4 \\ n-2 \end{pmatrix} + 64 \begin{pmatrix} 4 \\ n-1 \end{pmatrix} \right]$$
$$+ \left[4 \begin{pmatrix} 4 \\ n-3 \end{pmatrix} + \begin{pmatrix} 4 \\ n-2 \end{pmatrix} \right]$$

を得る．第一の括弧は，$\mathfrak{g}$-U 場を特性づける，それに関連した第 n 次係数の総数を表わしている．第二の括弧は，場の方程式の存在によってこの数がいくら減ずるかを示している．そして第三の括弧は，恒等式(18)と(19)による，この引く数の補正を表わしている．大きな n に対する近似値を計算して

(23a) $$z \sim \binom{4}{n} \frac{z_1}{n}$$

を得る．ここに

$$z_1 = 42$$

である．このように非対称場の場の方程式は，純粋な重力場のそれ($z_1=12$)よりも相当に弱い．

方程式系の強さに対する λ 不変性の影響　（場の変数として U を導入する代りに）転置不変な式

$$\mathfrak{G} = \frac{1}{2}(\mathfrak{g}^{ik}R_{ik}+\tilde{\mathfrak{g}}^{ik}\tilde{R}_{ik})$$

から出発して，理論の転置不変性をもたせようと試みることもできるであろう．もちろん，そうして得られる理論は，上にのべたそれとは異なるものになる．この $\mathfrak{G}$ に対しては，λ 不変性が存在しないことが証明される．ここでもまた，(16a), (16b) の型の場の方程式を得るが，これは（$\mathfrak{g}$ と Γ に関して）転置不変である．しかしながらこれらの間には，4つの "ビアンキの恒等式" が存在するだけである．もしこの系に前の数え方を適用すれば，(23)に対応する式の中で，第一の括弧のなかの第4項と，第三の括弧のなかの第2項とが欠けている．そして

$$z_1 = 48$$

を得る.したがってこの方程式系は,われわれの選んだものよりも弱いから,これをすてる.

前の場の方程式系との比較 これは

$$\Gamma_{\underset{\vee}{is}}^s = 0 \qquad\qquad R_{\underline{ik}} = 0$$
$$g_{ik,l} - g_{sk}\Gamma_{il}^s - g_{is}\Gamma_{lk}^s = 0 \qquad R_{\underline{ik},l} + R_{\underline{kl},i} + R_{\underline{li},k} = 0$$

で与えられる.ここに R_{ik} は(4a)によって Γ の関数として定義される(そして $R_{\underline{ik}} = \frac{1}{2}(R_{ik} + R_{ki})$, $R_{\underset{\vee}{ik}} = \frac{1}{2}(R_{ik} - R_{ki})$ である).

この方程式系は,新しい系(16a),(16b)とまったく同値である.なぜなら,それは,まったく同一の積分から変分によって得られたからである.これは,g_{ik} と Γ_{ik}^l に関して転置不変である.しかしながら次の点に違いがある.変分を受けるべき積分それ自身は転置不変ではなく,またその変分から得られる方程式系も転置不変ではない.しかしそれは,λ変換(5)に対しては不変である.ここに転置不変性を得るためには1つの工夫を用いなければならない.形式的に4つの新しい場の変数 λ_i を導入し,これを,変分ののちには方程式 $\Gamma_{\underset{\vee}{is}}^s = 0$ が満足されているように選ぶ*.こうして,Γ に関する変分によって得られる方程式は,示された転置不変な形をもつ.しかしながら R_{ik} 方程式は,まだ補助変数 λ_i を含んでいる.ところが,それらを消去することができ,上

---

* *$\Gamma_{ik}^l = \Gamma_{ik}^l + \delta_i^l \lambda_{,k}$ とおいて.

にのべたような方法によって，これは，これらの方程式の1つの分解を導く．こうして得られた方程式は，また($\mathfrak{g}$とΓに関して)転置不変である．

方程式 $\Gamma_{is}^s=0$ を仮定することは，Γ 場の正規化を含んでいる．そしてこれは，この方程式系の λ 不変性をとり除いてしまう．その結果として，Γ 場のすべての等値な表現が，この系の解として現われない．ここに起こることは，純粋な重力場の方程式に，座標の選択を制限する任意の付加的な方程式を結びつける操作に比較しうる．その上われわれの場合には，方程式系は不必要に複雑になる．これらの困難は，新しい表わし方においては，$\mathfrak{g}$とUに関して転置不変な変分原理から出発し，いつも$\mathfrak{g}$とUを場の変数として用いることによって避けることができる．

運動量とエネルギーの発散法則と保存則

もし場の方程式が満足され，その上変分が変換変分であれば(14)において，S_{ik} と $\mathfrak{R}^{ik}{}_l$ が0になるばかりでなく，$\delta\mathfrak{G}$ も0となる．したがって場の方程式は，方程式

$$(\mathfrak{g}^{ik}\delta U_{ik}^s)_{,s} = 0$$

を与える．ここに δU_{ik}^s は(10b)で与えられる．この発散法則はベクトル ξ^i の任意の選び方に対して成立する．その最も簡単な特別な選び方，たとえば ξ^i を x と独立にえらべば，4つの方程式

$$\mathfrak{T}^s_{t,s} \equiv (\mathfrak{g}^{ik} U^s_{ik,t})_{,s} = 0$$

が得られる.これらは,運動量とエネルギーの保存の方程式と解釈し,応用しうる.このような保存方程式は,場の方程式系から決して唯1つには定まらないことに注意すべきである.方程式

$$\mathfrak{T}^s_t \equiv \mathfrak{g}^{ik} U^s_{ik,t}$$

によれば,エネルギーの流れの密度 $(\mathfrak{T}^1_4, \mathfrak{T}^2_4, \mathfrak{T}^3_4)$ とエネルギー密度 $\mathfrak{T}^4_4$ が,x^4 と独立な場に対して 0 となるというのはおもしろいことである.これから,この理論によれば,特異性のない定常な場は,けっして 0 と異なる質量を表わせないと結論することができる.

保存則の導き方とその形とは,場の方程式の前の作り方を用いれば,さらに複雑となる.

一般的注意

A. 私の考えによれば,ここに述べたのは,理論的に最も簡単な,まったく可能な相対論的な場の理論である.しかしながらこれは,自然が,もっと複雑な場の理論に従わないということを意味するものではない.

さらに複雑な場の理論がいままでにもしばしば提出されている.それらは,つぎの特徴に従って分類されるであろう.

(a) 連続体の次元数を増すこと．この場合には，なぜ連続体が見かけ上は4次元に制限されているかを説明しなければならない．

(b) 接続の場とそれに関連するテンソル場 g_{ik} (または g^{ik}) に加えて，異なる種類の場 (たとえばベクトル場) を導入すること．

(c) (微分に関して) 高次な場の方程式の導入．

私の意見では，このようなもっと複雑な系とその組合せとを考えるのは，そうするための物理的—経験的理由があるときにのみ，とすべきである．

B. 場の理論は，場の方程式系によってはまだ完全には決定されていない．特異性の現われることを受け入れるべきであろうか．境界条件を仮定すべきであろうか．第一の質問に対しては，特異性は除外されるべきであるというのが私の意見である．連続体の理論のなかに，場の方程式が成立しない点（または線など）を導入するのは，私には妥当とは思われない．さらに，特異性の導入は，その特異性を小さくかこむ "曲面" 上の（場の方程式の見地からは任意な）境界条件を仮定することと同等である．このような仮定なしには，理論はあまりにも漠然としている．私の意見では，第二の質問に対する答は，境界条件の設定が不可欠であるということである．私はこれを，1つの初等的な例によって証明しよう．われわれは，$\phi = \sum \dfrac{m}{r}$ の形のポテンシャルの仮定を，(3次元の) 質点の外部では方程式 $\Delta\phi = 0$ が満足されているという

命題とくらべることができる．しかしながら，もしわれわれが，無限遠で ϕ が 0 になる（または有限にとどまっている）という境界条件をつけ加えなかったならば，x の整関数である解（たとえば $x_1^2 - \frac{1}{2}(x_2^2 + x_3^2)$）が存在して，無限遠で無限大となる．空間が "開いた" ものである場合には，このような場は，1 つの境界条件を設定してはじめて除外しうるのである．

C. 場の理論は，実在の原子的，量子的構造の理解を可能にすると考え得るであろうか．ほとんどすべての人はこの質問に "否" と答えるであろう．しかしながら私は，現在は，それに関して信頼しうることを知っている人は誰もいないと確信する．これは，特異性の除外が，どのように，またいかに強く，解の集合を制限するかをわれわれが判断できないからである．われわれは，特異性をもたない解を組織的に導く，どんな方法ももっていない．また近似法は役に立たない．なぜなら，1 つの特殊な近似解に対して，特異性のない正確な解が存在するかどうかは決してわからないからである．この理由から現在われわれは，非線型の場の方程式の内容を経験と比較することはできない．ここでは数学的方法における意義のある進歩のみが役立つだけである．現在では，場の理論は，まず "量子化" によって，多少とも認められた規則にしたがって，場の確率の統計的理論に変形されるべきであるという意見が行なわれている．この方法のなかに私

は，線型的な方法によって本質的に非線型的な性格の関係を叙述しようという試みしかみることができない．

D. 実在はなぜ1つの連続な場では決して表現できないかということに対しては，立派な理由を与えることができる．量子論的現象から，有限のエネルギーの有限な系は，有限個の数(量子数)によって完全に叙述できるということが，確かであると思われる．これは連続体の理論と両立するとは思われない．したがって，実在を叙述するためには，純代数的な理論を見出す試みへ導くにちがいない．しかし，このような理論の基礎を得るにはどうすればよいかは，誰も知らない．

解　説

江沢　洋

　この本は，Einstein が 1921 年にプリンストン大学で行なった 4 つのドイツ語の講義の英訳からの和訳で，初版は 1922 年に出版された．和訳はその第五版による．この版のために Einstein は 1954 年 12 月に付録 II「重力理論の拡張」を全面的に書き直し「非対称場の相対論」としたが，それが出版されたのは 1955 年，彼が大動脈瘤の破裂がもとで死去した 4 月 18 日より後になった．彼は，死の前日，計算中の用紙と筆記具を病床に取り寄せた．

　この解説では Einstein の物理の発展を——一般相対性理論の形成期に力点をおいて——スケッチする．

1　奇跡の年

原子論の裏づけを

　Einstein は 1900 年 7 月にスイス連邦工科大学(ETH)を卒業した．1879 年 3 月 14 日の生まれだから 21 歳である．ある寄宿学校の助教師を勤めた後，同級生だった M. Grossmann の父親の紹介で 1902 年にベルンのスイス連邦特許局

で3級技術専門職の試雇になった．彼はベルン大学で学んでいた M. Solovine, C. Habicht とオリンピア・アカデミーをつくり，E. Mach の諸著作や H. Poincaré の『科学と仮説』，D. Hume の『人性論』などを読んだ．特許局の同僚 M. Besso は物理，数学，哲学などに精通し議論のよい相手だった [1][2][3][4].

Einstein は原子論を信じていた．1901年に初めての論文「毛細管現象からの帰結」を書いた．翌年の「金属とその塩の完全に電離している溶液との間の電位差」とともにいろいろな原子の間のポテンシャルに電磁気学でいうクーロン場のような普遍性があると思い，それを探ろうとしたのである．続いて彼は「熱の一般分子論」の建設に向かった．J. C. Maxwell や L. Boltzmann の分子論が気体のみを対象に展開されていたことに満足できず一般論をめざしたのだ．彼は三部作を1902年に発表したが，同じ年に J. W. Gibbs が「統計力学の基本原理」を発表した．2人はほとんど同一の主題について，お互いに相手のことを知らずに研究していたわけだが，姿勢がちがっていた．Gibbs は統計力学を熱力学の基礎と見ていたのに対して，Einstein はそこに熱力学の限界を見出そうとした．限界を示すものとして彼は揺らぎに注目した [5].

1904年，Einstein は特許局で試雇から本採用になった．

奇跡の1905年

1905年は，Einstein が物理学に新分野を拓く4篇の論文を矢継ぎ早に出したので，奇跡の年とよばれる．

まず3月には「光の発生と変脱に関する発見法的観点」[6]．これは Planck が彼の輻射式を導いた論文で彼のいう"エネルギー要素" $h\nu$ を用いながら，その革新性を認めず逡巡していた [7] のに対して，発見法的と断りつつも光子の実在を主張したものである．Einstein は，ここで振動数 ν の大きい領域でだけ使える式であることに留意しつつ Wien の輻射式を用い，空洞の体積 V の中の小体積 v が含む輻射エネルギーが E となる状態のエントロピーが

$$(1.1) \quad S-S_0 = k \log W, \qquad W = \left(\frac{v}{V}\right)^{E/h\nu}$$

となること† を導き，$E/h\nu$ を v 内のエネルギー要素の数であると見れば W がその数の揺らぎの確率に他ならないことから，この式の背後にはエネルギーの塊としての $h\nu$ の姿があるとしたのである．彼はまた，エネルギーが塊として吸収，放出されるとすれば光電効果や Stokes の規則（光ルミネセンスで振動数 ν_1 の入射光が吸収され振動数 $\nu_2 \leq \nu_1$ となって射出されること）が容易に理解されることを指摘した．

翌年になって彼は，Planck は輻射理論に物理学上の新しい仮説——光量子仮説——を導入したのだと指摘した [8]．

---

† Einstein は記号 h を用いず $R\beta/N$ と書いているが，わかりやすいように h で書き直した．R は気体定数，N はアヴォガドロ数である．

Planck 自身は，こう言い切れずにいたのだ．

奇跡の年の 5 月には，Einstein は「静止流体の中に懸濁された粒子に熱の分子運動論から要求される運動」を発表した．いわゆるブラウン運動である．これを流体の分子の熱運動による衝突を受けて粒子の位置が揺らぐことだとした．この理論は，フランスの J. Perrin が実験で検証し，原子の実在を証明したとして 1926 年のノーベル物理学賞に輝いた．

6 月には，特殊相対性理論を提出．それは，1 つの慣性座標系とそこに敷き詰めた時計(合せて座標系 K という)について，発光体がどんな運動をしていようと，それから出る光の速さは一定であり(したがって常に本文の式(22)が成り立ち)，また別のどんな慣性系 K′ に移っても光速は変わらないこと(本文の式(22a)が成り立つ)を基本とする相対性理論である．相対性理論とは，自然法則は特定の座標系を用いなければ成り立たないというものではなく，任意の——といっても，ここでは慣性系に限るのだが——座標系に相対的な現象に対して同じ形で成り立つとする理論である．

そこで，光の発射，到着に限らず，慣性系 K で，位置 (x_1, x_2, x_3)，時刻 t におこった事象を別の慣性系 K′ で見たら位置 (x_1', x_2', x_3')，時刻 t' に見えたとき

$$(1.2) \quad {x_1'}^2 + {x_2'}^2 + {x_3'}^2 - (ct')^2 = x_1^2 + x_2^2 + x_3^2 - (ct)^2$$

が成り立つとする．たとえば，2 つの座標系で x_1 軸と x_1' 軸が重なり，x_2 軸と x_2' 軸，x_3 軸と x_3' 軸が平行を保ちな

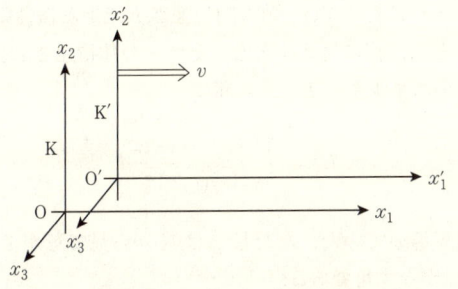

図1 座標系 K に対して一定の速さ v で走る座標系 K′.

がら原点 O′ が O から速度 v で離れて行く場合(図1)には2組の座標・時刻の関係は

(1.3) $x_1' = \dfrac{x_1-vt}{\sqrt{1-(v/c)^2}}, \quad x_2' = x_2, \quad x_3' = x_3,$

$t' = \dfrac{t-vx_1/c^2}{\sqrt{1-(v/c)^2}}$

となる.見てのとおり座標系 K で2つの事象 (x_1,x_2,x_3,t), (y_1,y_2,y_3,s) が同時 $t=s$ におこったとしても $x_1=y_1$ でなかったら,座標系 K′ では同時 $t'=s'$ にはならない.時間は,すべての人々に共通に流れるものではなくなった.

この論文への重要な追加を Einstein は9月に書いた [9]. 有名なエネルギーと質量は同じものだという $E=mc^2$ の関係を簡単な思考実験で導いたのである.こうしたのだ.

彼は6月に出した論文で,慣性系 K から見た光の球状の

塊は，それに対して x_1 軸方向に速さ v で走る慣性系 K′ から見ると楕円体に見えるとし，それらの体積比を計算して，それらのエネルギー L, L' の間に

$$(1.4) \qquad L' = \frac{1-(v/c)\cos\varphi}{\sqrt{1-(v/c)^2}} L$$

の関係を導いていた．ただし φ は K から見て球が走る方向と x_1 軸がなす角である．

そこで，K から見て物体 B が x_1 軸と角 φ をなす方向，それと反対の方向にそれぞれエネルギー $L/2$ の光を出したとすると，K 系では物体は静止しているから，光を出す前後の物体のエネルギーを E_0, E_1 とすれば，エネルギーの保存から

$$E_0 = E_1 + \left(\frac{L}{2} + \frac{L}{2}\right)$$

が成り立つ．この過程を K′ から見ると，発光前後の B のエネルギーが E_0', E_1' に見えたとすれば

$$E_0' = E_1' + \left(\frac{1-(v/c)\cos\varphi}{\sqrt{1-(v/c)^2}} + \frac{1+(v/c)\cos\varphi}{\sqrt{1-(v/c)^2}}\right) \frac{L}{2}$$

が成り立つ．これらを辺々引くと

$$(1.5) \quad (E_0' - E_0) - (E_1' - E_1) = \left(\frac{1}{\sqrt{1-(v/c)^2}} - 1\right) L$$

となるが，左辺は発光前後のBの運動エネルギーの差とも見ることができる．発光の前のBの速さは0，後の速さはvだから，Bの質量をmとし$v \ll c$にとれば，左辺は0になってしまう．右辺は0でない．どうしても，発光の前後でBの質量がm_0, m_1のように違うとするほかない：

$$E_0' - E_0 = \frac{1}{2} m_0 v^2, \quad E_1' - E_1 = \frac{1}{2} m_1 v^2.$$

こうすれば

(1.6) $$m_0 - m_1 = \frac{L}{c^2}$$

となり，BはエネルギーLを吐き出すとL/c^2だけ質量が減ることになる！　質量とエネルギーの同等性の発見である．Einstein は (1.5) の右辺を $(v/c)^2$ で展開しているのだが，

$$E_0' = \frac{m_0 c^2}{\sqrt{1 - (v/c)^2}}, \quad E_0 = m_0 c^2$$

等とおくには，いま証明しようとしている質量とエネルギーの同等性が必要だと考えたためであろう．

彼は，「もしラジウム塩類のようにエネルギーの含有量が著しく変化する物質で実験すれば，理論の証明が得られないでもあるまい」と述べている．でも，彼に自信があったわけではない．1905年の秋に Habicht に書いている [10]：「この考えはおもしろく魅惑的だ．しかし，全能の神は笑って鼻先を摑んで私を引きまわしているのかもしれない」．彼

は質量とエネルギーの同等性を裏づける論文を 1907 年までにさらに 3 篇出す.では,そのエネルギーに重力場におけるポテンシャル・エネルギーは含まれるか? この問題がこのときから彼の頭にひっかかっていたこともありそうに思われる.これが明らかになるのは 1907 年も末である(本解説の第 3 節で論じる).

2 重力場における時間の流れ

Einstein は「運動の相対性が互いに等速運動する系に限られ,任意の運動に広げることができないのを不満に思っていました」と話した.1922 年に日本に来て京都大学で「いかにして私は相対性理論をつくったか」という講演をしたときのことである [11].

彼にとって相対性とは,光速度一定の条件の下での座標変換 $(x,y,z,t) \to (x',y',z',t')$ により質点の運動方程式および Maxwell の電磁方程式が形を変えないことであった.光速度が一定値 c となることは

$$x^2+y^2+z^2-(ct)^2 = x'^2+y'^2+z'^2-(ct')^2$$

あるいは手短に

(2.1) $\qquad x^2+y^2+z^2-(ct)^2 = (不変)$

と書ける.H. Minkowski は,1907 年にドイツ数学会で講

演し(2.1)をみたす座標変換に関するスカラー, ベクトル, テンソルを定義し, これらの関係式で物理が表せることを相対性とした [12].

生涯でもっとも素晴らしい考え

さきに引いた京都大学での講演 [11] の中で Einstein は, 1907 年に J. Stark の依頼で彼の編集する『放射線学[†]および電子学』に特殊相対性理論の諸結論をまとめて書こうとしたとき [13]「すべての自然法則が特殊相対性理論で論じられるのに, 万有引力だけはできないことに気づき, どうにかしたいと思いました」といっている. 続けて「最も不満足に思ったのは, 慣性とエネルギーの関係が特殊相対性理論によって見事に与えられるのに, 慣性と重力の場におけるエネルギーの関係が不明なことでした」といい, ある日, 突然 1 つの考えが浮かんだという:「人が自由落下しているときには自分の重さを感じないにちがいない. 落ちてゆく人が重力を感じないのは, それを打ち消す重力が生じるからだ」.

これを彼は生涯でもっとも素晴らしい発見だといっている. 彼は

(2.2) 系が慣性系に対して加速度運動していることは, その系に重力があることと同等である(等価原理)

[†] 放射能の発見は 1896 年で H. Becquerel による.

に気づいたのだ．重力を系の加速度運動におきかえて考える道が開けたのである．

加速度系における時間

Einstein は慣性系を１つとって Σ_0 とし，それに対して，その x 軸の方向に一定の加速度 a で走る座標系 S を考える．S の時刻 $t=0$ に S の速度は 0 で，S の座標軸は Σ_0 の座標軸と瞬間的に重なっていたとしよう．Einstein は S 系と Σ_0 系における時間の流れを比較したいという [13]．慣性系 Σ_0 と加速度系 S には同じつくりの物指しが配備されており，それらの各点には同じ構造の時計が配置されているとする．

しかし，加速度系と慣性系の間のローレンツ変換に相当するものは知られていない．今度はじめて考えるのである．

Einstein は次の工夫をした．S の時計で時刻 t に S の座標軸と瞬間的に重なる慣性系 Σ_t を考える．このとき S は，Σ_0 から見て速度 $v=at$ をもっているから，それと一致する Σ_t も同じ速度をもっている．その Σ_t に S のもっている対象の位置，時間の情報がすべてそのまま移されると彼は仮定する．いいかえれば，S の加速度 a は情報の慣性系への移転に何の差しさわりにもならないと彼は考える．そのために，彼は S の加速度 a は非常に小さいとしようといっている．

Lorentz がローレンツ変換を発見したときも，まず変換前と後の 2 系の相対速度 v が小さい場合から始めて v に関する展開の次数をだんだんに上げていったことが思い出され

る.

加速度が小さい場合に限定すると,速度 v も小さいことになり,仮にローレンツ変換が成り立つとしたら,そこに現れる長さの縮み,時間の延びといった効果が v^2 のオーダーとなって無視できることになる.

さて,Σ_0 で見て同時刻 t^* の2事象 (t^*, x_1), (t^*, x_2) を†Sから見ると,といっても実は,それと瞬間的に一致し速度 at^* で等速運動する Σ_{t^*} を見るのでローレンツ変換が使えるのだが,v^2 のオーダーの量を省略する近似で

$$(2.3) \qquad t^* = t_1 - \frac{v}{c^2}x_1 = t_2 - \frac{v}{c^2}x_2$$

が成り立つ.a は小さいので,その2乗のオーダーを省略してよいから

$$(2.4) \qquad v = at^* = a\left(t_1 - \frac{at^*}{c^2}x_1\right) = at_1$$

としてよい.したがって(2.3)は

$$(2.5) \qquad t_2 = \left\{1 + \frac{a}{c^2}(x_2 - x_1)\right\}t_1$$

と書き直される.

重力場における時間

(2.5)は,加速度 $a>0$ で運動している座標系では,その上

---

† 簡単のために空間座標は x 座標のみ書く.

の $x_2>x_1$ の位置 x_2 における時間は x_1 における時間より $\left(1+\dfrac{a(x_2-x_1)}{c^2}\right)$ 倍だけ速く進むことを意味している！

ここで等価原理(2.2)を思い出そう．

等価原理が正しければ，一定の加速度 a をもって走る座標系では，その上にいる人にとっては重力の加速度 $-a$ の重力場にいるのと同じである．その人の目で(2.5)をみると，ax_1 は位置 x_1 における(単位質量あたりの)重力ポテンシャル $\Phi(x_1)$ に他ならず，x_2 についても同様だから，この式は

$$t_2 = \left(1+\frac{\Phi(x_2)-\Phi(x_1)}{c^2}\right)t_1$$

と映ることになる．標語的にいえば

(2.6) 重力場では，ポテンシャルの差だけ時間は速く進むのである．

いま，x_1 をポテンシャルの原点にとり $\Phi(x_1)=0$ とすれば，x_2 と t_2 の下ツキ 2 はとって

(2.7) $$t = \left(1+\frac{\Phi(x)}{c^2}\right)t_1$$

となる．t_1 はポテンシャルの原点 x_1 における時間の流れである．なお，x_2 をポテンシャルの原点にとっても

(2.8) $\quad t_1 = \left(1-\dfrac{\Phi(x_1)}{c^2}\right)^{-1} t_2 = \left(1+\dfrac{\Phi(x_1)}{c^2}\right)t_2$

となるから同じことだ．

Einstein は，(2.7)の $t=t(x)$ を局所時(local time)とよんでいる．そして，重力場のきまった位置での物理量を定義するには局所時を，重力ポテンシャルが異なる2つ以上の位置での物理量を同時に考えるときには(2.7)の基準点の時刻 t_1 を用いるべきだといっている．Einstein は，この区別を明瞭にするために，以後は局所時を σ，基準時を τ と書いている．(2.7)は

$$(2.9) \qquad \sigma = \left(1+\frac{\Phi(x)}{c^2}\right)\tau$$

となる．われわれも，これに従うことにしよう．

そうだとしたら，重い星の表面では重力ポテンシャルは星から遠く離れたところより低いから時間の進みはのろくなり，原子の電子の振動ものろく，したがって原子の出すスペクトル線は星から遠く離れてみると，赤の方にずれることになる(赤方偏移)．これが1907年の Einstein の予言の1つであった．「太陽表面からのスペクトルでは波長の延びは200万分の1くらいである」と彼はいい，「上の議論が加速度一定でない場合にも成り立つならば」と脚注をつけている．

スペクトル線の波長の変化には，さまざまの要因があり，赤方偏移の実験的検証は困難をきわめた．白色矮星のスペクトルで5%の精度で確かめられたのは1954年だった[14]．その後，飛行機に Cs 原子時計を積んで高度差による時計の進みの差が検出された[15]．最近では，光格子時計の発明に

より高度差 1 cm の時間差が検出されるだろうという [16].

3 重力場におけるマックスウェル方程式

加速度系におけるマックスウェル方程式

本解説の第 2 節「加速度系における時間」に述べたのと同じく，慣性系 Σ_t に対して，その x 軸の方向に一定の(微小な)加速度 a で走る座標系をSとし，Sと Σ_t は時刻 t にSと瞬間的に同じ速度で重なるものとする．

t にごく近い時刻 t' には慣性系 Σ_t は速度 at を保っているのに対してSの速度は at' であるから，Sは Σ_t に対して相対速度 $v=a(t'-t)$ をもつ．

S系における時刻 t' の電磁場 $\boldsymbol{E}$, $\boldsymbol{B}$ を Σ_t 系の $\mathcal{E}$, $\mathcal{B}$ に移すには，加速度の影響は無視できるとするので，速度 $v=a(t'-t)$ のローレンツ変換により

$$\begin{aligned}
\mathcal{E}_x &= E'_x & \mathcal{B}_x &= B'_x \\
\mathcal{E}_y &= E'_y + \frac{v}{c} B'_z & \mathcal{B}_y &= B'_y - \frac{v}{c} E'_z \\
\mathcal{E}_z &= E'_z - \frac{v}{c} B'_y & \mathcal{B}_z &= B'_z + \frac{v}{c} E'_y
\end{aligned}$$

となるから，$v=a(t'-t)$ であることに注意して時間微分すると，小さい量を無視すれば

$$
(3.1)\quad
\begin{aligned}
\frac{\partial \mathcal{E}_x}{\partial t'} &= \frac{\partial E'_x}{\partial t'} & \frac{\partial \mathcal{B}_x}{\partial t'} &= \frac{\partial B'_x}{\partial t'} \\
\frac{\partial \mathcal{E}_y}{\partial t'} &= \frac{\partial E'_y}{\partial t'} + \frac{a}{c} B'_z & \frac{\partial \mathcal{B}_y}{\partial t'} &= \frac{\partial B'_y}{\partial t'} - \frac{a}{c} E'_z \\
\frac{\partial \mathcal{E}_z}{\partial t'} &= \frac{\partial E'_z}{\partial t'} - \frac{a}{c} B'_y & \frac{\partial \mathcal{B}_z}{\partial t'} &= \frac{\partial B'_z}{\partial t'} + \frac{a}{c} E'_y
\end{aligned}
$$

となる．$\Sigma_{t'}$ 系は慣性系だから $\mathcal{E}, \mathcal{B}$ に対してはマックスウェル方程式が成り立つはずなので

$$
(3.2)\quad \frac{1}{c}\left\{4\pi \mathcal{J} + \frac{\partial \mathcal{E}}{\partial t'}\right\} = \operatorname{rot} \mathcal{B}.
$$

ρ を電荷密度として $J_x = \mathcal{J}_x - v\rho$, $J_y = \mathcal{J}_y$, $J_z = \mathcal{J}_z$ であるが，$v = a(t'-t)$ は 2 次の微小量なので無視すれば

$$
(3.3)\quad
\begin{aligned}
\frac{1}{c}\left\{4\pi J_x + \frac{\partial E_x}{\partial t'}\right\} &= \frac{\partial B_z}{\partial y'} - \frac{\partial B_y}{\partial z'} \\
\frac{1}{c}\left\{4\pi J_y + \frac{\partial E_y}{\partial t'} + \frac{a}{c} B_z\right\} &= \frac{\partial B_x}{\partial z'} - \frac{\partial B_z}{\partial x'} \\
\frac{1}{c}\left\{4\pi J_z + \frac{\partial E_z}{\partial t} - \frac{a}{c} B_y\right\} &= \frac{\partial B_y}{\partial x'} - \frac{\partial B_x}{\partial y'}
\end{aligned}
$$

が得られる．これらの式の両辺に $1 + \dfrac{ax'}{c^2}$ をかけて

$$
\left(1 + \frac{ax'}{c^2}\right)\frac{\partial B_z}{\partial x'} = \frac{\partial}{\partial x'}\left(1 + \frac{ax'}{c^2}\right) B_z - \frac{a}{c^2} B_z
$$

などに注意すれば

$$\text{(3.4)} \quad \boldsymbol{E}^* = \left(1+\frac{ax'}{c^2}\right)\boldsymbol{E}, \quad \boldsymbol{B}^* = \left(1+\frac{ax'}{c^2}\right)\boldsymbol{B},$$
$$\boldsymbol{J}^* = \left(1+\frac{ax'}{c^2}\right)\boldsymbol{J}$$

とおいて

$$\text{(3.5)} \quad \frac{1}{c}\left(4\pi\boldsymbol{J}^* + \frac{\partial \boldsymbol{E}^*}{\partial t'}\right) = \operatorname{rot}\boldsymbol{B}^*$$

が得られる．同様にして

$$\text{(3.6)} \quad \frac{1}{c}\frac{\partial \mathcal{B}}{\partial t'} = -\operatorname{rot}\mathcal{E}$$

から

$$\text{(3.7)} \quad \frac{1}{c}\frac{\partial \boldsymbol{B}^*}{\partial t'} = -\operatorname{rot}\boldsymbol{E}^*$$

が得られる．

(3.5), (3.7)は，その t' は局所時 σ と見るべきだから，それを場の全体を見渡す τ に書きかえれば

$$\frac{1}{c}\frac{\partial}{\partial \sigma} = \frac{1}{c'}\frac{\partial}{\partial \tau}, \quad c' = \left(1+\frac{\Phi(x)}{c^2}\right)c$$

なので

$$\text{(3.8)} \quad \frac{1}{c'}\left(4\pi\boldsymbol{J}_\tau^* + \frac{\partial \boldsymbol{E}^*}{\partial \tau}\right) = \operatorname{rot}\boldsymbol{B}^*$$
$$\frac{1}{c'}\frac{\partial \boldsymbol{B}^*}{\partial \tau} = -\operatorname{rot}\boldsymbol{E}^*$$

となる．ここで $\boldsymbol{J}^*$ は電荷の局所時による速度に比例してい

るので，基準時 τ による速度に応じた $\boldsymbol{J}_\tau^*$ に変えた．

(3.8)は慣性系におけるマックスウェル方程式と同じ形である．ただ，光の速さ c が

$$(3.9) \qquad c' = \left(1 + \frac{\Phi(x)}{c^2}\right) c$$

に変わっている．これが加速度系における光の速さだということになる．そして，等価原理のもとでは，これが重力場における光の速さとなる．

読者は，マックスウェル方程式には，ほかに――慣性系でいって

$$(3.10) \qquad \varepsilon_0 \mathrm{div}\,\mathcal{E} = 4\pi\rho, \qquad \mathrm{div}\,\mathcal{B} = 0$$

が含まれると指摘されるだろう．Einstein は，これらに触れていない．これを調べることは読者への宿題としよう．

光線の屈曲

Einstein は(3.9)から重力場では光線が直進しないことを導く．単位質量あたりの重力ポテンシャルを $\Phi(x) = ax$ とする．簡単のために x-y 平面に光が垂直に入射し，図2のように屈折したとすれば，屈折角は

$$\theta = \frac{dc}{dx} t = \frac{a}{c} t$$

となる．したがって，光は単位長さ進むごとに

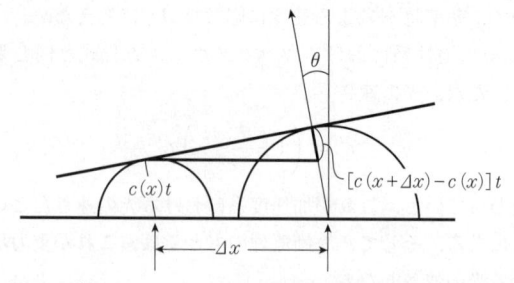

図 2 重力ポテンシャルの中の光の進行—— Huygens の原理による作図．場所によって進む速さ c が異なる．

(3.11)
$$\frac{d\theta}{dx} = \frac{a}{c^2}$$

だけ屈折することになる．

Einstein は，この 1907 年の論文 [13] では，地球上での重力は弱いので，この結果を実験と比較する望みはないとしている．実験の可能性に気づくのは 1911 年になってからである．

電磁場の重力質量

われわれは，Einstein の 1907 年の論文に戻ることにする．もう 1 つ大事な結果を見ておかなければならないので．

(3.8) の第 1 式に $\boldsymbol{E}^*$ を，第 2 式に $\boldsymbol{B}^*$ をスカラー的にかけ，辺々加えると

$$\frac{1}{c'}\left\{\boldsymbol{J}^*\cdot\boldsymbol{E}^* + \frac{1}{4\pi}\left(\boldsymbol{E}^*\frac{\partial \boldsymbol{E}^*}{\partial t}+\boldsymbol{B}^*\frac{\partial \boldsymbol{B}^*}{\partial t}\right)\right\}$$
$$= \frac{1}{4\pi}\left(\boldsymbol{E}^*\cdot\mathrm{rot}\,\boldsymbol{B}^* - \boldsymbol{B}^*\cdot\mathrm{rot}\,\boldsymbol{E}^*\right)$$
$$= -\frac{1}{4\pi}\mathrm{div}\,(\boldsymbol{E}^*\times\boldsymbol{B}^*)$$

となるから，遠方で電磁場は充分に速く0にゆくものとして全空間で積分すれば

$$\int\left(1+\frac{\Phi(x)}{c^2}\right)^{-1}\boldsymbol{J}_\tau^*\cdot\boldsymbol{E}^*dV$$
$$+\frac{d}{d\tau}\int\left(1+\frac{\Phi(x)}{c^2}\right)^{-1}\frac{1}{8\pi}(\boldsymbol{E}^{*2}+\boldsymbol{B}^{*2})dV = 0$$

となる．そこで(3.4)を思い出して，加速度系の電磁場にもどせば

$$(3.12)\quad \int\left(1+\frac{\Phi(x)}{c^2}\right)\boldsymbol{J}_\tau\cdot\boldsymbol{E}dV$$
$$+\frac{d}{d\tau}\int\left(1+\frac{\Phi(x)}{c^2}\right)\frac{1}{8\pi}(\boldsymbol{E}^2+\boldsymbol{B}^2)dV = 0$$

を得る．

Einstein[13]は，これはエネルギー保存の式だといい，注目すべき結果を含むとして，左辺で単位τ-時間あたりのエネルギー入力(あるいは消費)を表わす第1項および場に蓄積されたエネルギーのτ-時間変化率を表わす第2項とともに

$$\frac{(エネルギー)}{c^2} \times (単位質量あたりの重力位置エネルギー, \Phi)$$

について言っていることを指摘している．(3.12)は，重力場で

(3.13) 電磁場のエネルギーも重力質量として現れる

ことを示している [13]．

4 沈黙の3年半

Einstein は，相対性理論からの帰結をまとめ重力の理論に触れた前節の論文を仕上げた 1907 年 12 月から 1911 年 5 月まで沈黙を続けた．なぜだろう？ 彼は 1909 年 10 月からチューリッヒ大学の准教授になっている．

その年の 9 月には A. Sommerfeld に宛てて書いた [17]：「第一に，一様な加速度運動を扱った私の重力理論に加えて一様な回転運動の研究が重要だということ．第二に，お知らせくださった光電効果の実験．この効果で獲得されるエネルギーの(光の)振動数に関する微係数が期待の半分だという結果ですが，これが正しければ光のエネルギーが光速で走る点状の領域に集まっているという考えはつぶれ，輻射のエントロピーのその体積依存も考え直さなければならなくなります．微係数が半分だという実験の精度を知りたいと思います」．

そして12月には，前年に共同研究を申し込んできて2つの共著論文を書いたJ. Laubに書いた[18]：「お返事が遅れました．講義を真面目にしているので忙しいのです．週に6時間．そして夕方にはセミナーをします．負担は大きくないようですが，実は大変です．光量子の問題は，まだ解けません．多くを見つけましたが，卵はまだ孵らないのです」．そして翌1910年の3月にはLaubにこう書く[19]：「光量子については興味深いことを見つけましたがゴールはまだです．進みは遅い．仕事柄いろいろの物理を勉強しなければならないのが一因です．でも，たいへん楽しい」．光についての彼のゴールとは，エネルギーが$h\nu$の小さい塊になった電磁波の解をつくることらしい．

その証拠に7月にSommerfeldに書き送っている[20]：「輻射のエネルギーの構造については何も完成していません．しかし，1つだけ確かなことは，振動するエネルギーは，物質[†]か輻射かを問わず，$h\nu$の整数倍という量子的な振舞いをすることです．固体の分子がPlanckの共鳴子と同様な熱運動をすることは確からしくなりました．輻射については，エネルギーの点的な構造が統計的な性質の最も簡明な説明を与えますが，これで押し通せるとは思われません．最大の問題は，エネルギー量子とHuygensの原理は両立するか，です」．Einsteinは輻射の問題に頭を占領されている．粒子性

---

† 分子や場の振動を考え，物質については比熱の問題をいっている．

と波動性の対立！

8月には Laub に [21]「光の構造については何の進展もありません．そこには何か基本的なことがありそうなのですが」と書き，11月には [22]「輻射の問題が解けそうです．光量子を用いずに解くのです．どうなるか，興味津々．エネルギー原理のいまの形をやめるのです」．これが何を意味するかわからないが，Einstein 全集の注は彼の1911年のソルヴェイ会議での講演「比熱の問題の現状」を引いて「Einstein はエネルギーの保存則は統計的にのみ成り立つとした」と書いている [23]．講演には「一定の大きさの有界なエネルギー量子は存在する必要がない」という言明もある [24]．Laub への手紙には「Weiss が干渉の実験を始めた」と記した後，こうも書いている．「私は最早興味がない．空間的な光量子は(いまのところ)信じないから」．1週間後には「輻射問題の解は無に帰しました．神は汚い策略をしかけました」．

Einstein は1909年7月に特許局をやめ，10月にチューリッヒ大学の准教授となる．

翌年の1月には Lorentz に [25] 講義の依頼に感謝しつつ「私は先生がお思いのような光量子屋(Lichtqanteler)ではありません．誤解は私の論文の不正確な書き方から生じたのでしょう」と書いている．続けて「お会いして私の議論に御判断をいただくのを楽しみにしております．未完成のことについては対話でなくては了解しがたいものですから」．

1911年5月には Besso に書き送った [26]：「最早，私は量

子が存在するか否かは問わない．それを作り上げようともしません．私の脳では考えつくせませんから．ただ，この概念が適用できる範囲を見極めるため，それから出る結果を捜し尽くすのみです．比熱の理論は真の勝利でした」．

5 曲がった空間

時空の線素

1911年の3月にはプラハに引越す．プラハ大学の正教授となったのである．その6月には1907年に考えた重力の問題 [13] に戻り，そこで気づいた重力場での光線の屈曲(本解説第3節)が日蝕を利用すれば観測できるかもしれないと指摘した [27]．

しかし，Einstein は自信がもてなかった．8月には Laub に宛てて「重力の相対論的な扱いは深刻な困難を引きおこしています．光速一定の原理は重力ポテンシャルが一定の空間でだけ成り立つようです」と書き，11月には Zangger に「休む暇なく働いていますが，どうなることやら」と書いた．

翌1912年の2月と3月には加速度系 S の座標 (x, y, z, t) から慣性系 Σ の座標 (ξ, η, ζ, τ) への変換をあからさまに

(5.1)
$$\xi = x + \frac{ac}{2}t^2, \quad \eta = y, \quad \zeta = z, \quad \tau = ct \quad (c = c_0 + ax)$$

として1907年の論文([13], 本解説の第2節)を書き直した

[28][29]. ただし，ここでも小さい t に限定し $O(t^3)$ は省略する．S系の原点 $x=0$ は Σ 系から見れば

$$(5.2) \quad \xi_0 = \frac{a}{c_0}\tau^2$$

という加速度運動をしている（a の意味が本解説の第2節とちがっている）．(5.1)は，慣性系の間のローレンツ変換が(1.2)からきめられたように

$$(5.3) \quad (dx)^2+(dy)^2+(dz)^2-(c_0+ax)^2(dt)^2$$
$$= (d\xi)^2+(d\eta)^2+(d\zeta)^2-(d\tau)^2$$

が成り立つようにきめた（くりかえすが，$O(t^3)$ は無視して）．左辺と右辺は，それぞれ S および Σ における曲線の線素の"長さ"の2乗である．

本解説の第2節を(5.1)で書き直した結果をここに書くことは省略しよう．ただ新しく導かれた重力場における質点の運動方程式

(5.4)

$$\frac{d}{dt}\frac{\dot{x}/c}{\sqrt{1-(q/c)^2}} = -\frac{\partial c/\partial x}{\sqrt{1-(q/c)^2}} \qquad (q \equiv \sqrt{\dot{x}^2+\dot{y}^2+\dot{z}^2})$$

と，これが変分原理

$$(5.5) \quad \delta \int_A^B \sqrt{(cdt)^2-(dx)^2-(dy)^2-(dz)^2} = 0$$

から導かれることだけは記しておかなければならない．変分

原理は [29] に校正のとき加えられた．特殊相対論では，質点の運動方程式をこの型の変分原理から導くことは，Einstein も書いている通り Planck が行なっていた [30]．

曲がった空間

1912 年の 2 月にはスイス連邦工科大学(ETH)の正教授に任命され，8 月にチューリッヒに戻る．

その夏のことであろうか．Einstein は加速度系を理論に取り入れるなら回転運動も入れなければならないが，回転すると円周はローレンツ短縮するのに半径はしないから円周と半径の比は 2π でなくなることに気づく．加速度系へ変換するとユークリッド幾何学が破れるのだ．そんなことを考えていたある日，ETH の学生だったとき講義で聴いたガウスの曲面論を思い出した．ガウスは曲面の上の曲線の線素を用いて曲面の曲率など内的な性質を論じたのだった [31]．曲面上ではユークリッド幾何は成り立たない．Einstein は 8 月に彼の問題に適切な幾何学を図書室で探してくれるように，かつて ETH の同級生で，いまは数学の教授になっている M. Grossmann に依頼した．翌日 Grossmann は戻ってきて B. Riemann の幾何学([31] の p.175; [32])があるといった．ここで重力の理論は $x=(x^1, x^2, x^3, x^4=t)$ を座標[†]とする空間の中で，$g_{\mu\nu}(x)$ が重力場を定めるとして

[†] $x^1=x$, $x^2=y$, $x^3=z$, $x^4=ct$ である．x の添え字を上につけた．本文 p.86 の脚注を参照．

(5.6) $$(ds)^2 = g_{\mu\nu}(x)dx^\mu dx^\nu$$

を線素とする曲線の織り出す"曲面"の研究に変わった.ここで,1つの項の中に同一の添え字が上下に対になって現れるときは,その添え字について1から4まで加え合わせるという約束(Einsteinの規約 [33])をする.曲面といっても4次元空間の中のものだから,むしろ曲がった空間である.これで,われわれは本書の一般相対性理論の出発点(本文のp.89)に到達したことになる.

1912年8月にEinsteinは,かつての助手L. Hopfに「重力の仕事は素晴らしく進んでいる.間違いでなければ私は最も一般の方程式を見つけた」と書いた [34].10月にはSommerfeldに書いている [35]:「専ら重力の問題を考えています.数学の友人の助けで困難は乗り越えられると信じています」.1913年のおそらく4月に,Grossmannとの共著『一般相対性理論および重力理論の草案』(Teubner出版社,1913)[36] が出版される.5月にはEhrenfestに書いている [37]:「お返事が遅れたのは,率直にいって重力問題に超人的な努力をしていたからです.正しく解けたと思います」.

Einsteinは1913年7月にプロシヤ・アカデミーの会員に推挙され,翌1914年4月にベルリン大学に移る.

1914年10月にはGrossmannとの『草案』は読みにくいかもしれないといって体系を整え直した [38].論文の半分は(5.6)を不変にする変換に関するテンソルの解析の説明にあ

てられているが，これは Einstein にとっても新しいことで自分向けに書いたのでもあるだろう．この論文には，重力場における質点の運動方程式，重力場の方程式，赤方偏移なども書かれている．

実は，ここでもなお重力理論には不備があった．テクニカルなことなので説明は省略するが（[2] の第 14c 節の 1），理論が一応の完結に達したのは 1915 年 11 月であった [39]．Einstein は Sommerfeld に書いている [40]：「これまでの理論の方法から結果まですべてがだめとわかったとき，残された道は Riemann の共変形式しかないことがはっきりしました．……それによれば，ニュートンの理論が第一近似で出てくるばかりか，水星の近日点移動†も第二近似で 43″ となりました．太陽をかすめてくる光線の屈曲は以前の値の 2 倍になります」．

水星の近日点移動

Einstein は早くから重力理論ができた暁には，それを用いて水星の近日点の移動を説明したいといい，1907 年 12 月，友人 Habicht にそう書き送っていた [41]．近日点というのは水星の軌道上で太陽に最も近い点のことで，それが水星が公転を重ねるにつれて徐々に移動して行く（図 3）というのが近日点の移動である．ニュートン力学によれば，もし太

---

† 本解説の次の小節を見よ．

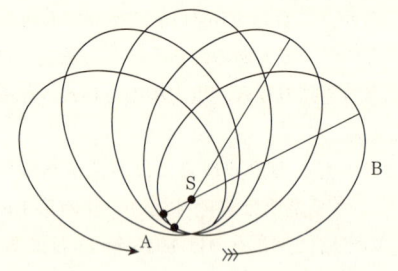

図3 近日点の移動. 太陽 S をまわる水星の軌道の模式図. 軌道の離心率 $(\mathrm{SB}-\mathrm{SA})/(\mathrm{SB}+\mathrm{SA})$ も近日点の移動(●)も大きく誇張されている.

陽のまわりに水星だけしかなかったら,この移動はおこらないが,ほかにも惑星があるためにそれらの引力によって水星の運動が乱され近日点の移動がおこる.それを計算するのは天体力学の役目であるが,計算と実測の間に $45.''4/$ 世紀のずれが残った.これを説明するため種々の試みがなされたが成功しなかった [42].

光線の屈曲——観測

1911年10月に,彼は ETH 時代からの友人 H. Zangger に「真昼間に太陽に近い恒星の位置が測れるという天文学者がいますが,信じがたい」と書き送っていた [43]. その天文学者とはベルリン天文台の E. Freundlich で,彼と Einstein は1912年10月,1913年8月にも昼間の観測の可能性について討論している. Einstein 自身,それを可能とす

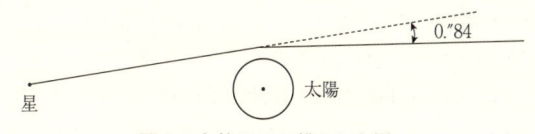

図4 文献 [45] に描かれた図.

る理由をもつようになっていたのである [44].

1913年10月14日には,アメリカにウィルソン山天文台を創設し台長となっていた G. E. Hale に手紙を書いて訴えた [45]:「簡単な理論的考察によれば,光線は重力場で屈曲することがありそうに思われます.太陽をかすめて通る光の曲がりは $0.''84$ で,$1/R$ のように減少します($R=$ 太陽の中心からの距離)」(図4).

「ですから,昼間(日蝕なしに),最大の倍率で太陽にどれだけ近くに明るい恒星が見えるかに大きな興味があります.あなたの豊富な御経験からいま可能な手段で何ができるとお考えか伺いたく,同僚の Maurer 教授の示唆によって,このお願いを差し上げます」.

Hale からの返事は11月8日付できた [46]:「この問題に興味をもっているリック天文台の W. W. Campbell に連絡した.彼から日蝕のときの太陽近くの星の写真を Freundlich に送るようにする」という内容で,日中に写真を撮るのでは望みの効果の検出はできないだろうといい,その理由を列挙していた.

日蝕は1913年の8月にクリミヤ半島で見られるはずであ

った．旅費が出ないという Freundlich に Einstein は自分が出すといったが，Planck の奔走で重工業会社のクルップや化学者の E. Fischer などの援助で観測隊が実現した．しかし，1914 年 7 月 28 日，第 1 次世界大戦が勃発，Freundlich らは囚われの身となった．彼らは幸いロシアの高官との交換でベルリンに帰ることができたが観測は徒労に終わった [47]．

光線の太陽による屈曲を支持すると思われる結果が得られたのは 1919 年 5 月 29 日の日蝕のときであった．このときまでには Einstein の一般相対性理論も大きな躍進をとげていた．太陽をかすめる光の屈曲角は Hale への手紙に書かれた値——それはニュートン力学が質点の運動に対して予言した値でもあった——の 2 倍の 1.″74 に訂正 [48] されていた．図 5 にブラジルのソブラルでの観測結果を示す [49]．太陽すれすれの光線に対しては 1.″98±0.″12 であった．西アフリカのプリンシペ島に行った観測隊は天候に恵まれなかったが，屈曲角として 1.″61±0.″3 を得た [50]．

1919 年 11 月 6 日，2 つの観測隊を派遣したイギリスの王立協会と王立天文学会の合同会議がロンドンで開かれた．王立協会の総裁 J. J. Thomson が Einstein は「人類の思惟の歴史上で最も重要な成果をあげた」と称賛し A. Eddington は「日蝕観測隊の得た結果は Newton よりも Einstein に有利である」と報告，Einstein は列聖に叙せられた（[2] の p.401）．翌日のロンドン・タイムズは「Newton の

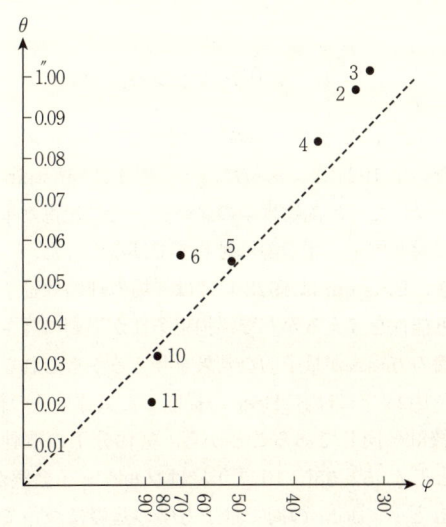

図5 1919年の日蝕のときにブラジルのソブラルで観測して得た光線の屈曲角 θ，光線と太陽表面の距離を視角で表わした値 φ．直線は理論値を，黒丸は星ごとの観測値を示す．

考えは覆された」と報じた．ニュースは世界に広がり，第一次世界大戦(1918年11月11日に終結)で疲れきった人々を鼓舞した．

なお，1952年2月25日の日蝕ではスーダンのハルトゥームで光の屈曲の観測が行なわれ，Einstein の予言により近い 1.″70 を得た．

6 プリンストンへ

本書のもとになった4つの講義がプリンストン大学で行なわれたのは1921年であった．その翌年，Einsteinはノーベル賞を受けた．理論物理学の諸研究，特に光電効果の法則の発見に対して！　相対論に対してではなかった．

この後，Einsteinは1923年には「場の理論は量子の問題を解く可能性を与えるか」で，拘束条件が過剰に課された一般相対論の方程式が量子的な効果を与えるかもしれないとした [51]．1924年にはS. Boseの提唱した気体分子の統計が，輻射の統計と同じであることから，気体分子の波動性を示唆するとした [52][53]．1927年にはソルヴェイ会議があり，EinsteinとN. Bohrの間で量子力学の基礎について論争が始まる [54]．

*　　*

1933年にEinsteinはナチの迫害を遁れてアメリカはプリンストンの高等研究所に移った．ここでの研究については[2]のpp.379-382を参照．Einsteinは1955年4月18日に大動脈瘤の破裂がもとで生涯を閉じた．

プリンストン時代のEinsteinについてはJ. Wheelerと学生による回想がある [55]．また，この解説で触れることができなかった彼の物理の側面は『日本物理学会誌』1979年12

月号，*Physics Today* の 1979 年 1(p.119)，3, 7(p.82)，12(p.9)月号に語られている．平和運動については [56] がある．

これで解説を終わる．でき上がった一般相対論については，本書がその解説であることもあって，解説しなかった．参考書はたくさん出ている．[57] は簡明直截である．

参考文献

[1] C. ゼーリッヒ『アインシュタインの生涯』，広重 徹訳，東京図書(1974)，p.49, p.59.
[2] A. パイス『神は老獪にして…』，西島和彦監訳，産業図書(1987)，p.60.
[3] P. フランク『評伝 アインシュタイン』，矢野健太郎訳，岩波現代文庫(2005).
[4] B. ホフマン，H. ドゥカス『アインシュタイン──創造と反骨の人』，鎮目恭夫・林 一訳，河出書房新社(1974).
[5] 江沢洋「統計力学へのアインシュタインの寄与」，所収『アインシュタイン──物理学・哲学・政治への影響』，P. C. アイヘルブルク・R. U. ゼクスル編，江沢洋ほか訳，岩波書店(2005).
[6] A. Einstein, *Ann. d. Phys.* **17**, 132 (1905). 所収『光量子論』，物理学史研究刊行会編，物理学古典論文叢書 2，東海大学出版会(1969).
[7] W. ウィーン，M. プランク『熱輻射論と量子論の起源』，天野清訳編，大日本出版社(1943)，p.86. Planck がエネルギー要素を導入したことを [6] は見落としたといっている．
[8] A. Einstein, *Ann. d. Phys.* **20**, 199 (1906). 所収『光量子論』，前掲．

[9] A. Einstein, 所収『アインシュタイン選集1』, 中村誠太郎ほか訳編, 共立出版(1971), p.51.

[10] Einstein から C. Habicht への書簡, 1905年6月22日-9月の間のいつか. M. J. Klein et al. ed., *The Collected Papers of Albert Einstein*, vol. 5, Princeton (1993), Document 28. [2], Document 161 も参照. 以後, この論文集から *Coll. Pap.*, nn, Doc. mm として引用する.

[11] 石原 純『アインシュタイン講演録』, 東京図書(1971), p.79.

[12] H. Minkowski, *Ann. d. Phys.* **47**, 927 (1915); Gött. Nachr. 53 (1908); *Phys. Zei.* **10**, 104 (1909). 最後のもの(ケルンでの講演)は A. Sommerfeld ed., *The Principle of Relativity*, Dover に再録.

[13] *Coll. Pap.*, vol. 2, J. Stachel ed.(1989), Doc. 47. 重力を論じるのは p.480 から.

[14] J. シュウィンガー『アインシュタインの遺産』, 戸田盛和・米山 徹訳, 日経サイエンス社(1991), p.160.

[15] J. C. Hafele and R. E. Keating, *Science* **177**, 166 (1972).

[16] A. Yamaguchi et al., Appl. Phys. Express **4**, 082203 (2011).

[17] *Coll. Pap.*, vol. 5, Doc. 179.

[18] *Coll. Pap.*, vol. 5, Doc. 196.

[19] *Coll. Pap.*, vol. 5, Doc. 199.

[20] *Coll. Pap.*, vol. 5, Doc. 211.

[21] *Coll. Pap.*, vol. 5, Doc. 224.

[22] 文献 [10], p.260.

[23] 文献 [22] につけられた注 4.

[24] A. Einstein, *Coll. Pap.*, vol. 3, M. J. Klein et al. ed. (1993), Doc. 26;『第1回ソルベイ会議報告:輻射の理論と量子』, 小川和成訳・解説, 東海大学出版会(1983), p. 402.

- [25] *Coll. Pap.*, vol. 5, Doc. 250.
- [26] *Coll. Pap.*, vol. 5, Doc. 267.
- [27] A. Einstein, *Ann. d. Phys.* **35**, 898 (1911); *Coll. Pap.*, vol. 3 (1993), Doc. 23.
- [28] A. Einstein, *Ann. d. Phys.* **38**, 355 (1912); *Coll. Pap.*, vol. 4, Doc. 3.
- [29] A. Einstein, *Ann. d. Phys.* **38**, 443 (1912); *Coll. Pap.*, vol. 4, Doc. 4.
- [30] M. Planck, *Ann. d. Phys.* **26**, 1 (1908).
- [31] F. クライン『19世紀の数学』, 足立恒雄・浪川幸彦監訳, 石井省吾・渡辺弘訳, 共立出版(1995), p.155, p.175；M. Kline, *Mathematical Thought from Ancient to Modern*, Oxford (1972), Chap. 37.
- [32] B. リーマン『幾何学の基礎をなす仮説について』, 菅原正巳訳, 清水弘文堂書房(1970), H. Weylによる解説. [12] の訳も載っている.
- [33] A. Einstein, *Ann. d. Phys.* **49**, 769 (1918);『アインシュタイン選集2』, 内山龍雄訳編, 共立出版(1970), p.59.
- [34] L. Hopf, *Coll. Pap.*, vol. 5, Doc. 416.
- [35] A. Sommerfeld, *Coll. Pap.*, vol. 5, Doc. 421.
- [36] A. Einstein u. M. Grossmann, *Entwurf einer verallgemeierten Relativitätstheorie und einer Theorie der Gravitation*, Teubner (1913). I. Physikalischer Teil (Einstein), II. Mathematischer Teil (Grossmann); *Coll. Pap.*, vol. 4, Doc. 13;『アインシュタイン選集2』, 前掲 p.33.
- [37] *Coll. Pap.*, vol. 5, Doc. 441.
- [38] A. Einstein, Sitzungsbericht Preuss. Akad. Wiss. (Berlin)(1914), 1030; 以下, *Sitz.ber.* と書く. *Coll. Pap.*, vol. 6, Doc. 9.

[39] A. Einstein, *Sitz.ber.*(1915), 844; *Coll. Pap.*, vol. 6, Doc. 25.

[40] *Coll. Pap.*, vol. 8, Doc. 153.

[41] *Coll. Pap.*, vol. 5, Doc. 69.

[42] 萩原雄祐『天文学総論 上』, 岩波書店(1955), pp.122-128.

[43] *Coll. Pap.*, vol. 5, Doc. 286.

[44] *Coll. Pap.*, vol. 5, Doc. 472.

[45] *Coll. Pap.*, vol. 5, Doc. 477.

[46] *Coll. Pap.*, vol. 5, Doc. 483.

[47] R. W. Clark, *Einstein—The Life and Times*, The World Pub. Co.(1971), pp.161-164, 174-176, 199.

[48] A. Einstein, *Sitz.ber.*(1915), 831; 『アインシュタイン選集2』, 前掲 p.115.

[49] 石原純『エーテルと相対性原理の話』, 岩波書店(1921), pp. 215-223.

[50] *Coll. Pap.*, vol. 9, p.xxxvi.

[51] A. Einstein, *Sitz.ber.*(1923), 359.

[52] A. Einstein, *Sitz.ber.*(1924), 261; (1925), 18; [9], p.121, p.127.

[53] K. プルチブラム『波動力学形成史』, 江沢洋訳・解説, みすず書房(1982), p.23, p.25, p.26.

[54] N. Bohr, in *Albert Einstein: Philosopher-Scientist*, P. A. Schipp ed., Open Court (1988).

[55] J. Wheeler「プリンストンのアインシュタイン」, 自然, 1979年7月号.

[56] O. ネーサン, H. ノーデン編『アインシュタイン平和書簡1, 2, 3』, 金子敏男訳, みすず書房(1974-77).

[57] P. A. M. ディラック『一般相対性理論』, 江沢洋訳, ちくま学芸文庫(2005).

[編集付記]
本書は，岩波書店から単行本として1958年に刊行された『相対論の意味』(アインシュタイン著，矢野健太郎訳)を(若干の修訂をほどこして)文庫化したものである．

索　引

ア　行

圧力
　負の―― 150
　ポアンカレの―― 142
動く座標系への変換 51
宇宙
　――の空間的曲率 160, 163, 174
　――の重心 149
　――の年齢 162, 172, 174, 176
　――の始まり 173
　――の物質密度 160, 174
　――の膨張は加速 159
　――の膨張は減速 159
　――，光をださない物質の密度 176
　――，物質密度が無限大になる 168
　"気体" 粒子の満ちた―― 169
　準ユークリッド的―― 144
　閉じた―― 144
　フリードマン―― 151
　膨張―― 153
　星が等方的に分布した―― 151
　ハッブルの――の膨張 160
運動量とエネルギーの保存 70, 217

エートベッシュ (R. V. Eötvös) 81
エディントン (A. Eddington) 250
エネルギー・テンソル 72
　電磁場の―― 71, 113
　物質の―― 74, 113
遠心力の場 85
オイラー (L. Euler) 77
　――の方程式 77
応力テンソル 33

カ　行

回転する
　――空洞の中の重力場 138
　――座標系 83
ガウス (C. F. Gauss) 86, 189
　――の曲面論 245
加速される質量，誘導効果 138
ガリレイ (G. Galilei) 41
　――変換 41, 42
　――領域 83
カルツァ (T. Kaluza) 133
慣性
　――系 40, 149, 188, 224
　――質量 80
　――の法則 80
　物体の相互作用に起因する―― 145
ガンマ線 148

——を落とす　148
基準空間　19, 39, 47, 83
基準時計　29
奇跡の年　223
気体分子の波動性　252
ギブス(J. W. Gibbs)　222
キャンベル(W. W. Campbell)　249
境界条件　218
共変　49, 91
共変性　35, 49
共変微分　100, 101, 102
　——の一般法則　102
　共変ベクトルの——　101, 102
　反変ベクトルの——　100
共変ベクトル　91
曲率テンソル　106, 197
虚の時間座標　49
近日点移動　127, 132, 247
クリストッフェル
　(E. B. Christoffel)　99
　——の記号　99
グロスマン(M. Grossmann)　221, 245, 246
原子時計　233
原子論　222
光時　48
恒星系の膨張　151
光線の屈曲
　重力場における——　126, 237, 247
光速不変の原理　44, 45
剛体　12
光電効果　223
コリオリ(G. G. Coriolis)

　——の力　85
コンプトン(A. H. Compton)
　——効果　172

サ　行

サバール(F. Savart)　62
座標系
　——の回転　51, 84
　——の変換　46
時空連続体　79
質点の運動方程式　68, 109
　——，一般相対論からの近似　112
　——，重力場の方程式から導く　148
　慣性および重力のもとでの——　109
質量
　——とエネルギーの同等性　67, 71, 227
　エネルギーの重力——　240
　慣性——　80
　重力——　81
　電磁場の——　238
重力定数　122
重力場　81, 85
　——における光線の経路　125
　——における時間　125, 231
　——における質点の運動方程式　109, 111, 130
　——におけるスペクトルの赤方偏移　125
　——における長さ　124
　——の方程式　115, 128
　——，一般相対論から近似

117, 119, 121
  質点のまわりの—— 130
シュタルク(J. Stark) 229
シュミット(B. Schmidt) 160
シュワルツシルト
  (K. Schwarzschild) 127
  ——の解 130
振動系のエネルギー 241
ストークス(G. G. Stokes)
  ——の規則 223
スナイダー(J. L. Snyder) 147
スペクトル線の赤方偏移
  宇宙の膨張による—— 151
  重力場における—— 125,
    147, 233
  ドップラー効果以外による——
    171
接続の場 190, 194
  対称な—— 99, 194, 198
  非対称な—— 194, 198, 200
相対性理論への批判 44
相対論的な場の理論 187
測地線 87, 107, 109
ソロヴィーヌ(M. Solovine)
  222
ゾンマフェルト(A. Sommerfeld)
  240, 247

タ 行

対称な場 99, 194, 199
遅延ポテンシャル 119
チリング(H. Thirring) 138
ツァンガー(H. Zangger) 248
デカルト(R. Descartes)
  ——座標系 15, 29, 40

電磁場
  ——のエネルギー・テンソル
    72
  ——の4元ポテンシャル 132
  ——のローレンツ変換 61
テンソル 25, 90
  擬—— 193
  共変—— 91
  反変—— 91
転置不変性 198
等価原理 82, 85, 189, 229
同時 225
ドゥ-ジッター(W. de Sitter)
  43
特殊相対性原理 45
特殊相対性理論 39, 224
時計 43
トムソン(J. J. Thomson) 250

ナ 行

ナチの迫害 252
日蝕観測 127, 250
ニュートン(I. Newton) 33,
  42, 188
  ——の運動方程式 42, 112
  ——・——,一般相対論からの近
    似 112
ノーベル賞 224, 252

ハ 行

パールミュッター(S. Perlmutter)
  159
パウンド(R. V. Pound) 147
発見法的観点 223
ハッブル(E. Hubble) 151, 159

――の膨張　159
場の方程式　179
　――系の強さ　179, 214
　――を変分原理から導く　205
　物質密度が大きい場合の――　173
ハビヒト(C. Habicht)　222, 247
反変ベクトル　91
ビアンキの恒等式　205, 210, 214
ビオ(J.-B. Biot)　62
光格子時計　233
光の発生と変脱　223
非慣性系　83
非対称な場　194, 198, 200
比熱　242
ビリアル定理　32
ファラデイ(M. Faraday)　188
フィゾー(H. Fizeau)　43
輻射
　空間を満たす――　174
物質のエネルギー・テンソル　74
不変式　21, 22
　――論　56, 58, 90
ブラウン運動　224
プランク(M. Planck)　223, 250
　――の輻射式　223
フリードマン(A. Friedmann)　150
　――宇宙　151
フロインドリッヒ(E. Freundlich)　248, 249, 250
ヘイル(G. E. Hale)　249, 250

ベクトル　24
　――の平行移動　96
　共変――　91
　反変――　91
ベッソ(M. Besso)　222, 242
変分原理　205
ポアッソンの方程式　112
　一般相対論における――　115
ポアンカレ(H. Poincaré)　13, 142, 222
　――の圧力　142
放射性崩壊　68
ボーア(N. Bohr)　252
星の進化　173
保存則　205, 211
ポッパー(D. M. Popper)　147
ホップ(L. Hopf)　246
ボルツマン(L. Boltzmann)　222

マ　行

マイケルソン(A. A. Michelson)
　――・モーレーの実験　42
マクヴィッティー(G. C. McVittie)　161
マックスウェル(J. C. Maxwell)　36, 188, 222
　――の応力　70
　――の方程式　59
　――-ローレンツ方程式　43, 60
　一般相対論における――の方程式　132, 207
　加速度系における――の方程式　234

マッハ(E. Mach) 80, 222
——の原理 134, 145, 188
ミンコフスキー(H. Minkowski) 47, 58
——空間 149
無限小接続の場 191
モーレー(E. W. Morley) 42

ヤ 行

ユークリッド幾何学 15, 19

ラ 行

ラウプ(J. Laub) 241
リース(A. Riess) 160
リーマン(B. Riemann) 90, 189, 245
——幾何学 245
——計量 89, 189
——テンソル 106, 135, 197
——テンソルに対する方程式 115

——の一般不変式論 109
——の曲率テンソル 106, 135, 197
リッチ(G. Ricci) 90
粒子性と波動性の対立 241
量子化 219
量子的構造
——と連続な場 220
——の場の理論による理解 219, 252
レビ-チビタ(T. Levi-Civita) 90, 96, 190
連続媒質の運動方程式 33
ローレンツ(H. A. Lorentz) 36, 242
——の力 62
——変換 46, 50, 61

ワ 行

ワイス(P. Weiss) 242
ワイル(H. Weyl) 96, 133

相対論の意味 アインシュタイン著

2015年9月16日　第1刷発行
2023年4月14日　第4刷発行

訳者　矢野健太郎

発行者　坂本政謙

発行所　株式会社 岩波書店
〒101-8002 東京都千代田区一ツ橋 2-5-5

案内 03-5210-4000　営業部 03-5210-4111
文庫編集部 03-5210-4051
https://www.iwanami.co.jp/

印刷 製本・法令印刷　カバー・精興社

ISBN 978-4-00-339342-0　Printed in Japan

読書子に寄す
―― 岩波文庫発刊に際して ――

　真理は万人によって求められることを自ら欲し、芸術は万人によって愛されることを自ら望む。かつては民を愚昧ならしめるために学芸が最も狭き堂宇に閉鎖されたことがあった。今や知識と美とを特権階級の独占より奪い返すことはつねに進取的なる民衆の切実なる要求である。岩波文庫はこの要求に応じそれに励まされて生まれた。それは生命ある不朽の書を少数者の書斎と研究室とより解放して街頭にくまなく立ちしめ民衆に伍せしめるであろう。近時大量生産予約出版の流行を見る。その広告宣伝の狂態はしばらくおくも、後代にのこすと誇称する全集がその編集に万全の用意をなしたるか。千古の典籍の翻訳企図に敬虔の態度を欠かざりしか。さらに分売を許さず読者を繋縛して数十冊を強うるがごとき、この揚言する学芸解放のゆえんなりや。吾人は天下の名士の声に和してこれを推挙するに躊躇するものである。この際断じて吾れらは、今後永久に継続発展せしめ、もって文庫の使命を遺憾なく果たさしめることを期するに、岩波書店は自己の責務のいよいよ重大なるを思い、従来の方針の徹底を期するため、すでに十数年以前より志して文芸・哲学・社会科学・自然科学等種類のいかんを問わず、いやしくも万人の必読すべき真に古典的価値ある書をきわめて簡易なる形式において逐次刊行し、あらゆる人間に須要なる生活向上の資料、生活批判の原理を提供せんと欲するこの文庫は予約出版の方法を排したるがゆえに、読者は自己の欲する時に自己の欲する書物を各個に自由に選択することができる。携帯に便にして価格の低きを最主とするがゆえに、外観を顧みざるも内容に至っては厳選最も力を尽くし、従来の岩波出版物の特色をますます発揮せしめようとする。この計画たるや世間の一時の投機的なるものと異なり、永遠の事業として吾人は微力を傾倒し、あらゆる犠牲を忍んで今後永久にこの挙に参加し、希望と忠言とを寄せられることは吾人の熱望するところである。その性質上経済的には最も困難多きこの事業にあえて当たらんとする吾人の志を諒として、その達成のため世の読書子とのうるわしき共同を期待する。

昭和二年七月

　　　　　　　　　　岩波茂雄

文学と革命 全二冊
トロツキー／桑野 隆 訳

ロシア革命史 全五冊
トロツキー／藤井一行 訳

空想より科学へ
― 社会主義の発展 ―
エンゲルス／大内兵衛 訳

イギリスにおける労働者階級の状態 全二冊
― 十九世紀のロンドンとマンチェスター ―
エンゲルス／一條和生・杉山忠平 訳

帝国主義論 全一冊
ホブスン／矢内原忠雄 訳

帝国主義 全一冊
レーニン／宇高基輔 訳

国家と革命
レーニン／宇高基輔 訳

獄中からの手紙
ローザ・ルクセンブルク／秋元寿恵夫 訳

雇用、利子および貨幣の一般理論
ケインズ／間宮陽介 訳

経済発展の理論
シュムペーター／塩野谷祐一・中山伊知郎・東畑精一 訳

シュムペーター経済学史
― 学説ならびに方法の諸段階 ―
シュムペーター／東畑精一・福岡正夫 訳

租税国家の危機
シュムペーター／木村元一・小谷義次 訳

日本資本主義分析
山田盛太郎

恐慌論
宇野弘蔵

経済原論
宇野弘蔵

資本主義と市民社会 他十四篇
大塚久雄／齋藤英里 編

共同体の基礎理論 他六篇
大塚久雄／小野塚知二 編

ユートピアだより
ウィリアム・モリス／川端康雄 訳

民衆の芸術
ウィリアム・モリス／中橋一夫 訳

社会科学と社会政策にかかわる認識の「客観性」
マックス・ヴェーバー／折原浩 補訳・富永祐治・立野保男 訳

プロテスタンティズムの倫理と資本主義の精神
マックス・ヴェーバー／大塚久雄 訳

職業としての学問
マックス・ヴェーバー／尾高邦雄 訳

職業としての政治
マックス・ヴェーバー／脇圭平 訳

社会学の根本概念
マックス・ヴェーバー／清水幾太郎 訳

古代ユダヤ教 全三冊
マックス・ヴェーバー／内田芳明 訳

宗教と資本主義の興隆
― 歴史的研究 ― 全二冊
トーニー／出口勇蔵・越智武臣 訳

世論 全二冊
リップマン／掛川トミ子 訳

王権
A・M・ホカート／橋本和也 訳

贈与論 他二篇
マルセル・モース／森山工 訳

鯰絵
― 民俗的想像力の世界 ―
C・アウエハント／小松和彦・中沢新一・飯島吉晴・古家信平 訳

国民論 他二篇
マルセル・モース／森山工 編訳

ヨーロッパの昔話
― その形と本質 ―
マックス・リュティ／小澤俊夫 訳

独裁と民主政治の社会的起源 全二冊
バリントン・ムア／宮崎隆次・高橋直樹・森山茂徳 訳

大衆の反逆
オルテガ・イ・ガセット／佐々木孝 訳

《自然科学》青

科学と仮説
ポアンカレ／河野伊三郎 訳

エネルギー
オストワルド／山県春次 訳

光学
ニュートン／島尾永康 訳

大陸と海洋の起源
― 大陸移動説 ―
ヴェーゲナー／紫藤文子・都城秋穂 訳

ロウソクの科学
ファラデー／竹内敬人 訳

種の起原 全二冊
ダーウィン／八杉龍一 訳

完訳 ファーブル昆虫記 全十冊
ファーブル／林達夫・山田吉彦・奥本大三郎 訳

確率の哲学的試論
ラプラス／内井惣七 訳

科学史的に見たる科学的宇宙観の変遷
アレーニウス／寺田寅彦 訳

科学談義
T・H・ハクスリ／小泉丹 訳

相対性理論
アインシュタイン／内山龍雄 訳・解説

相対論の意味
アインシュタイン／矢野健太郎 訳

自然美と其驚異
ジョン・ラボック／板倉勝忠 訳

ダーウィニズム論集
八杉龍一 編訳

近世数学史談
高木貞治

銀河の世界
ハッブル／戎崎俊一 訳

《法律・政治》(白)

人権宣言集　宮沢俊義/高木八尺編

新版 世界憲法集 第二版　高橋和之編

君主論　マキァヴェッリ　河島英昭訳

フィレンツェ史 全二冊　マキァヴェッリ　齊藤寛海訳

リヴァイアサン 全四冊　ホッブズ　水田洋訳

ビヒモス　ホッブズ　山田園子訳

法の精神 全三冊　モンテスキュー　野田良之・稲本洋之助・上原行雄・田中治男・三辺博之・横田地弘訳

ローマ人盛衰原因論　モンテスキュー　栗田伸子訳

第三身分とは何か 他一篇　シィエス　稲本洋之助・伊藤洋一・川出良枝・松本英実訳

教育に関する考察　ロック　服部知文訳

寛容についての手紙　ジョン・ロック　加藤節・李静和訳

統治二論 完訳　ジョン・ロック　加藤節訳

キリスト教の合理性　ジョン・ロック　加藤節訳

ルソー 社会契約論　桑原武夫・前川貞次郎訳

アメリカのデモクラシー 全四冊　トクヴィル　松本礼二訳

犯罪と刑罰　ベッカリーア　風早八十二・五十嵐二葉訳

リンカーン演説集　高木八尺訳

権利のための闘争　イェーリング　村上淳一訳

コモン・センス 他三篇　トーマス・ペイン　小松春雄訳

経済学における諸定義　マルサス　玉野井芳郎訳

オウエン自叙伝　ロバアト・オウエン　五島茂訳

外交談判法 他一篇　カリエール　坂野正高訳

本質と価値 他一篇　E・H・カー　長尾龍一・植田俊太郎訳

民主主義と価値 他一篇　E・H・カー　久保訳

危機の二十年 ─理想と現実　E・H・カー　原彬久訳

アメリカの黒人演説集　荒このみ編訳

精神史的状況 ─キングマルコムX、モリスン　樋口陽一訳

現代議会主義の ーゲル国際政治　カール・シュミット訳

第二次世界大戦外交史 全三冊　芦田均

憲法講話　美濃部達吉

日本国憲法　長谷部恭男解説

民主体制の崩壊 ─危機・崩壊・再均衡　ファン・リンス　横田正顕訳

《経済・社会》

政治算術　ペティ　大内兵衛・松川七郎訳

国富論 全四冊　アダム・スミス　水田洋監訳・杉山忠平訳

道徳感情論 全二冊　アダム・スミス　水田洋訳

法学講義　アダム・スミス　水田洋訳

戦争と平和 全三冊　クラウゼヴィッツ　篠田英雄訳

自由論　J・S・ミル　塩尻公明・木村健康訳

ミル自伝　J・S・ミル　朱牟田夏繁訳

大学教育について　J・S・ミル　竹内一誠訳

功利主義　J・S・ミル　関口正司訳

ユダヤ人問題によせて／ヘーゲル法哲学批判序説　マルクス　城塚登訳

経済学・哲学草稿　マルクス　城塚登・田中吉六訳

新編輯版 ドイツ・イデオロギー　マルクス／エンゲルス　廣松渉編訳・小林昌人補訳

共産党宣言　マルクス／エンゲルス　大内兵衛・向坂逸郎訳

賃労働と資本　マルクス　長谷部文雄訳

賃銀・価格および利潤　マルクス　長谷部文雄訳

経済学批判　マルクス　武田隆夫・遠藤湘吉・大内力・加藤俊彦訳

資本論 全九冊　マルクス　エンゲルス編／向坂逸郎訳

2022.2 現在在庫 I-1

フランス・プロテスタントの反乱 ―カミザール戦争の記録	カヴァリエ 二宮フサ訳
ニコライの日記 ―ロシア人宣教師が生きた明治日本 全三冊	中村健之介編訳
マゼラン 最初の世界周航海	長 南 実訳
徳川制度 全三冊・補遺	加藤 貴校注
第二のデモクラテス 戦争の正当原因についての対話	セプールベダ 染田秀藤訳
ユグルタ戦争 カティリーナの陰謀	サルスティウス 栗田伸子訳

2022.2 現在在庫　H-2

《歴史・地理》[青]

新訂 魏志倭人伝・後漢書倭伝・宋書倭国伝・隋書倭国伝 ——中国正史日本伝(1)	石原道博編訳
ヘロドトス 歴史 全三冊	松平千秋訳
トゥーキュディデース 戦史 全三冊	久保正彰訳
ガリア戦記	カエサル 近山金次訳
タキトゥス ゲルマーニア	泉井久之助訳註
タキトゥス 年代記 全二冊	国原吉之助訳
ランケ 世界史概観 ——近世史の諸時代	相原信作 鈴木成高訳
ランケ自伝	林 健太郎訳
歴史とは何ぞや	ベルンハイム 坂野鉄二訳
歴史における個人の役割	プレハーノフ 木原正雄訳
古代への情熱 ——シュリーマン自伝	シュリーマン 村田数之亮訳
大君の都 全三冊 ——幕末日本滞在記	オールコック 山口光朔訳
アーネスト・サトウ 一外交官の見た明治維新 全二冊	坂田精一訳
ベルツの日記 全二冊	トク・ベルツ編 菅沼竜太郎訳
武家の女性	山川菊栄
インディアスの破壊についての簡潔な報告	ラス・カサス 染田秀藤訳

ラス・カサス インディアス史 全七冊	長南実訳 石原保徳編
コロンブス 全航海の報告	林屋永吉訳
大森貝塚 ——付 関連史料	E・S・モース 近藤義郎 佐原真訳編
戊辰物語	東京日日新聞社会部編
ナポレオン言行録	オクターヴ・オブリ編 大塚幸男訳
中世的世界の形成	石母田 正
日本の古代国家	石母田 正
クリオの顔 ——歴史随想集	E・H・ノーマン 大窪愿二編訳
旧事諮問録 ——江戸幕府役人の証言	進士慶幹校注
朝鮮・琉球航海記 ——一八一六年イギリス使節団とともに	ベイジル・ホール 春名徹訳
ローマ皇帝伝 全二冊	スエトニウス 国原吉之助訳
アリランの歌 ——ある朝鮮人革命家の生涯	ニム・ウェールズ キム・サン 松平いを子訳
ヒュースケン 日本日記 1855-61	青木枝朗訳
さまよえる湖 全二冊	ヘディン 福田宏年訳
老松堂日本行録 ——朝鮮使節の見た中世日本	宋希璟 村井章介校注
十八世紀パリ生活誌 ——タブロー・ド・パリ 全二冊	メルシエ 原宏訳

北槎聞略 ——大黒屋光太夫ロシア漂流記	桂川甫周 亀井高孝校訂
ヨーロッパ文化と日本文化	ルイス・フロイス 岡田章雄訳注
ギリシア案内記 全二冊	パウサニアス 馬場恵二訳
オデュッセウスの世界	M・I・フィンリー 下田立行訳
東京に暮す 1928-1936	キャサリン・サンソム 大久保美春訳
ミカド ——日本の内なる力	W・E・グリフィス 亀井俊介訳
増補 幕末百話	篠田鉱造
明治百話 全二冊	篠田鉱造
トゥバ紀行 ——幕末明治の女百話	篠田鉱造
徳川時代の宗教	R・N・ベラー 池田昭訳
ある出稼石工の回想	マルタン・ナドー 喜安朗訳
植物巡礼 ——プラント・ハンターの回想	F・キングドン・ウォード 塚谷裕一訳
モンゴルの歴史と文化	ハイシッヒ 田中克彦訳
ローマ建国史 全三冊(既刊上巻)	リーウィウス 鈴木一州訳
元治夢物語 ——幕末同時代史	馬場文英 徳田武校注

2022.2 現在在庫 H-1

==岩波文庫の最新刊==

人間の知的能力に関する試論（下）
トマス・リード著／戸田剛文訳
藤岡洋保編

概念、抽象、判断、推論、嗜好。人間の様々な能力を「常識」によって基礎づけようとするリードの試みは、議論の核心へと至る。〔青N六〇六-二〕　**定価一八四八円**（全二冊）

堀口捨己建築論集
藤岡洋保編

茶室をはじめ伝統建築を自らの思想に昇華し、練達の筆により建築論を展開した堀口捨己。孤高の建築家の代表的論文を集録する。〔青五八七-一〕　**定価一〇〇一円**

ダライ・ラマ六世恋愛詩集
今枝由郎・海老原志穂編訳

ダライ・ラマ六世（一六八三—一七〇六）は、二三歳で夭折したチベットを代表する国民詩人。民衆に今なお愛誦されている、リズム感溢れる恋愛詩一〇〇篇を精選。〔赤六九-一〕　**定価五五〇円**

イギリス国制論（上）
バジョット著／遠山隆淑訳

イギリスの議会政治の動きを分析し、議院内閣制のしくみを描き出した古典的名著。国制を「尊厳的部分」と「実効的部分」にわけて考察を進めていく。（全二冊）〔白一二二-二〕　**定価一〇七八円**

小林秀雄初期文芸論集
小林秀雄著
……今月の重版再開

〔緑九五-一〕　**定価一二七六円**

ポリアーキー
ロバート・A・ダール著／高畠通敏、前田脩訳

〔白二九-一〕　**定価一二七六円**

定価は消費税10％込です　　2023.3

岩波文庫の最新刊

兆民先生 他八篇
幸徳秋水著／梅森直之校注

幸徳秋水(一八七一―一九一一)は、中江兆民(一八四七―一九〇一)に師事して、その死を看取った。秋水による兆民の回想録は明治文学の名作である。「兆民先生行状記」など八篇を併載。〔青一二五-四〕 定価七七〇円

精神の生態学へ (上)
グレゴリー・ベイトソン著／佐藤良明訳

ベイトソンの生涯の知的探究をたどる。上巻はメタローグ・人類学篇。頭をほぐす父娘の対話から、類比を信頼する思考法とプラトーの概念まで。(全三冊)〔青N六〇四-二〕 定価一一五五円

開かれた社会とその敵 第一巻 プラトンの呪縛(下)
カール・ポパー著／小河原誠訳

プラトンの哲学を全体主義として徹底的に批判し、こう述べる。「人間でありつづけようと欲するならば、開かれた社会への道しか存在しない。」(全四冊) 〔青N六〇七-二〕 定価一四三〇円

英国古典推理小説集
佐々木徹編訳

ディケンズ『バーナビー・ラッジ』とポーによるその書評、英国最初の長篇推理小説と言える本邦初訳『ノッティング・ヒルの謎』を含む、古典の傑作八篇。〔赤N二〇七-一〕 定価一四三〇円

……今月の重版再開……

狐になった奥様
ガーネット作／安藤貞雄訳
〔赤二九七-一〕 定価四八四円

モンテーニュ論
アンドレ・ジイド著／渡辺一夫訳
〔赤五五九-二〕 定価六二七円

定価は消費税10％込です　2023.4